八ッ場ダム
YAMBA
と
倉渕ダム
KURABUCHI

緑風出版

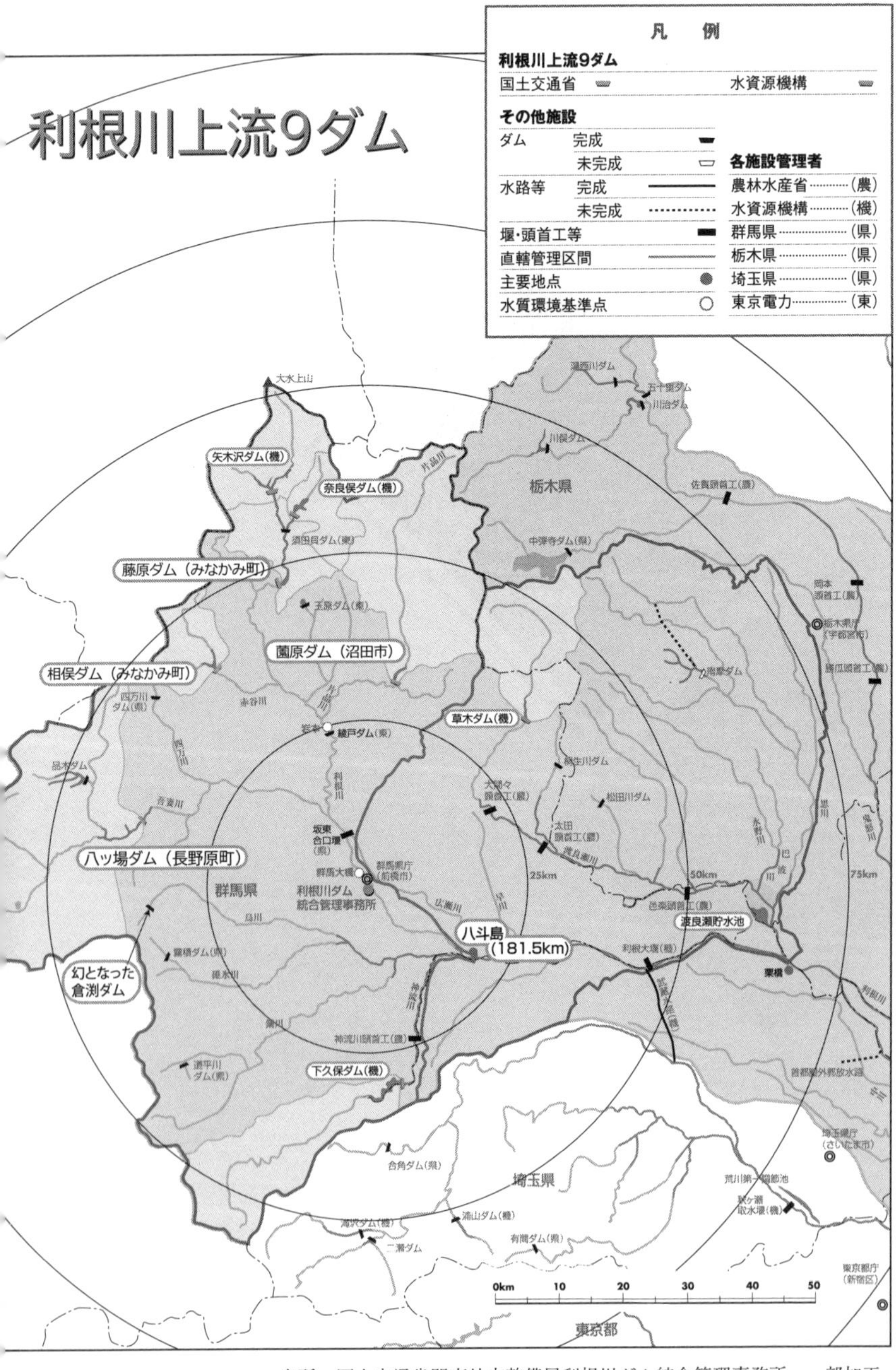

出所：国土交通省関東地方整備局利根川ダム統合管理事務所。一部加工。

目　次

八ッ場ダムと倉渕ダム

はじめに・6

第一章　ダムをとめた住民と県知事――11
地味で目立たぬ知事の「脱ダム宣言」・12／保守大国で異例のダム反対運動・18／代表の身銭で独自調査を敢行・21／県の怪しい行動から真実を暴く・25／県職員を徹底追及する敏腕記者・32／住民説明会で露呈した役人の無知・40／住民運動の分裂と新規参入・44／県民に寄り添った官僚出身知事・50／側近が感じた環境派知事の苦悩・57／県の公聴会でやらせ発覚・60／現職がダムを争点外しに出た高崎市長選・64／ガチンコ公開討論会で県が住民側に完敗・70／倉渕ダム凍結に推進派は沈黙・78／ダムなしでの治水利水策を実施・83

第二章　国策ダムに翻弄される住民と地方自治――87
敗戦直後に策定された巨大ダム計画・88／ダム官僚の天敵となった群馬の町長・96／ダムができて急速に衰退した故郷・100／上州戦争が激化し、副知事不在に・103／迷走する八ッ場ダム事業に知事の苦言・106／現職知事を追い落とす保守分裂選挙・112／県議会で八ッ場ダム必要論を論破・117／八ッ場が政治課題に急浮上した背景・121／政権選択選挙と八ッ場ダム・129

第三章　八ッ場ダム復活の真相――137

準備なしの中止宣言で墓穴を掘る・138／馬を乗りこなせない政治家たち・146／ダム官僚の思う壺となった有識者会議・155／民主党から出馬表明し、驚愕させた小寺前知事・162／地元で痛いところを突かれる前原大臣・168／民主党の敗北と失意の病死・172／地に落ちた政治主導の金看板・175／着々と進む建設続行への道・180／中止を中止して万歳三唱した国交大臣・183／民主党政権の失敗から学ぶべきもの・190

おわりに・196

（本書に登場する人物の肩書・役職は全て当時のもの）

はじめに

相次ぐ自然災害とコロナ禍に見舞われ、日本社会は今、未曾有の危機に直面している。にもかかわらず、機能不全と劣化を著しく進行させていた安倍晋三内閣は有効な施策を打ち出せず、右往左往する醜態をさらした。役に立たない安倍政治の実態が可視化され、長期政権を見限る人が増え始めたちょうどその頃、持病の悪化により本人が辞任を表明し、新しい総理大臣にバトンタッチとなった。二〇二〇年九月一六日の菅義偉新内閣の誕生である。想定外の急展開に日本中が仰天し、政治の動きが耳目を引くことになり、内閣と自民党への支持率が急上昇した。一方、こうした状況下で全く存在感を示せずにいるのが、野党である。安倍前政権下も菅新政権の発足後も支持率はいっこうに上がらず、政権交代への期待感や機運を全く生み出せずにいる。国民の野党への支持が増えない要因は明白だ。政権交代を果たしながら、内紛とお粗末な政権運営で国民の期待を大きく裏切る結果に終わったあの民主党政権のトラウマである。なかでも「最低でも県外」と公言した米軍普天間飛行場の移設問題と「コンクリートから人へ」を掲げて中止を宣言した八ッ場《やんば》ダム問題が大きい。

だが、国民の怒りがいまだに消えずにいるのは、重要な選挙公約を実行できなかったということだけではないだろう。選挙公約を果たせなかったことへの真摯な説明（例えば、準備不足や能力不足、本気度不足）や誠意ある謝罪、さらには今後に生かすための検証や総括、反省などを当事者たちがきちんと行わないまま、看板だけをコロコロ変えて政治の世界に居座り、仲間内での主導権争いを続けているようにしか見えないからだ。自分たちの過去の失敗に頬かむりしたまま、自公政権を声高に批判する姿を見せられ、国民の多くが「与党も野党もどちらも頼りにならないな」と、政治への不信感や絶望感を募らせたのではないだろうか。

本書は、いまだに「悪夢の民主党政権」と揶揄される原因のひとつとなった八ッ場ダム問題を改めて取り上げたものだ。民主党が政権交代を果たした二〇〇九年の総選挙で八ッ場ダム中止をマニフェストに盛り込むまでに至った知られざる経緯と背景を明らかにし、そのうえで、その看板公約を破棄する結果となった真相に迫った。八ッ場ダムはすでに完成（二〇二〇年）しており、「今さらなんだ」と思う人が多いだろうが、むしろ、「今だからこそ」と考える。その理由は三つ。

一つは、多くの方がいまだに払拭できずにいる「政権交代」のトラウマから抜け出さない限り、日本の政治は前に進まないと考えるからだ。民主党政権の失敗を直視し、検証し、学ぶべきものを探り出して次なる時代に生かすべきだと思うのである。

安倍長期政権になって税金の使われ方の歪みが止まらず、むしろ、拍車がかかる一方となった。例えば、一連のコロナ対策である。国民に布製マスクを配布したり、旅行代金などを補助するキャンペーンに巨額の予算を投じるなど、国民のニーズに合わない施策が相次いで実施された。地域や住民生活の実情をよく知らない、よく知ろうともしない国（中央省庁）主導によって立案され、実行されたのである。これぞ中央集権型事業の弊害といえる。事業効果はなくはないが、各地の実情や特性に合わず無駄が多い。こうした税金の使い方をなくし、地域や住民主導で立案・実施する地域住民主導型に一刻も早く転換すべきだ。地域課題の解決により直結し、税金をより効果的に活用することにつながるからだ。治水対策もその例外ではない。

本書の第一章で取り上げた群馬県の倉渕《くらぶち》ダム事業を巡る話は、こうした地域住民主導型事業を目指した戦いの記録である。流域の様々な住民が主体となり、見事に成功した全国的にも稀有な事例だ。その対極に位置するのが、八ッ場ダム事業を巡る攻防である。中央集権型事業の本質とその転換の難しさをこれほどまでわかりやすく示した事例はない。八ッ場ダムの建設中止を公約に掲げて政権選択総選挙に大勝利しながら、民主党はなぜ中止断念に追い込まれたのか、その真相を探ったが第三章である。そこから浮かび上がってくるのは、民主党の敗北が闘う能力と意欲、戦略の欠如に起因するもので、彼らが掲げていた地方分権や地域主権に瑕疵があったわけではないということだ。

二つ目の理由は、気候変動に伴う昨今のゲリラ豪雨である。短時間に記録的な大雨が局地的に降り、河川の氾濫を多発させている。こうした想定外の大雨は毎年のように日本の各地で発生し、二〇二〇年の七月豪雨では熊本県の球磨川が氾濫し、住民の尊い命が失われた。雨の降り方がこれまでとは明らかに異なり、ダムや堤防などのハードに頼る従来の治水対策では対応できにくくなっている。このため、国（国土交通省）の審議会が新たに「流域治水」という考え方を打ち出している。流域の特性に合った防災・減災策を行政の縦割りの壁を打ち破って多角的に進めようというものだ。ダム中心のこれまでの治水政策からの転換ともいえるが、最大の問題は誰が主体となって取り組みを進めるかである。もちろん、それは国（国土交通省）ではなく、流域住民である。さまざまな人たちが話し合いを重ね、力と知恵を出し合って合意形成していかねばならないが、重要なのは総論ではなく各論、それも具体策である。そうした意味合いで、倉渕ダム事業を巡る話は「流域治水」を進めていくうえで参考になるのではと、考えたのである。

三つ目の理由は、世に溢れるおかしな情報への危機感である。八ッ場ダムは二〇二〇年三月末に完成し、四月から運用が開始された。その前年一〇月一日から試験湛水が実施されたが、その直後に台風一九号が関東地方を襲い、大雨を降らせた。この時に八ッ場ダムの貯水量が急増したことから、ネットを中心に「八ッ場ダムが利根川の氾濫を防いだ」との話が広がり、それを真に受けたのかテレビの情報番組で著名なコメンテーターまで同様の趣旨のコメントをした。たまたまその場面を目にして驚きを禁じ得なかった。事実に基づかないフェイクニュースのひとつである（後ほど詳述）。こうしたおかしな情報が広く流布される今の日本の状況に疑問を感じたことが、本著の出版につながったのである。

第一章　ダムをとめた住民と県知事

烏川上流部のダム計画予定地

地味で目立たぬ知事の「脱ダム宣言」

「昨年（二〇一六年）、中学校の同窓会で鹿島（建設）に勤めていた同級生に久しぶりに会ったら、〝会社のお偉いさんから、倉渕《くらぶち》ダムはウチが本命になっていたのに、お前の同級生の大塚というのがダム反対の運動をやったせいで、建設中止になったと言われてしまった〟と、ぼやかれた。どうも鹿島（建設）が倉渕ダムの本体工事を請け負うことに決まっていたようだ」

こんな話を打ち明けたのは、群馬県高崎市で農業に従事する大塚一吉《おおつかかずよし》さん。東京の土木設計コンサルタント会社で技術者として働いていた大塚さんは、三二歳の時に高崎の実家に戻り農業を継いだ。日本社会がバブル経済の到来に狂奔し始めた一九八六年だった。Ｕターン組の大塚さんは野菜や米麦、養鶏などによる複合的な有機農業を手掛けた。農薬や化学肥料を大量に使用し、農産品の販売を地元ＪＡに一括委託する通常の農家とは異なる道を選択し、自ら顧客を開拓して農産品を直接届けるやり方をとった。個々の消費者と互いに顔の見える関係を構築し、地域でのつながりを広げていた。いろんな人たちと付き合いをする間口の広い異色の農家であった。こうした独自の農業経営を行っていただけに、大塚さんは土や水、自然環境の保全などにも強い関心を持っていた。

そんな大塚さんがひょんなことからダム建設の反対運動を主導し、行政と真っ向対峙する役を務めることになった。土木技術者としての経験があり、設計図を読みこなせたことが大きかった。そして、仲間とともに声を上げてからわずか二年半でダム本体工事を凍結させ、事業中止にまで追い込んだのである。

いったん動き出したら何があっても止まらないのが、日本の公共事業の特徴だ。なかでも長期計画に基づくダム事業が途中で白紙になることなど、通常ではあり得ない。そうした日本社会の常識を覆す極めて稀有なダム反対運動の成功事例が、なんと全国屈指の保守王国・群馬県内で誕生していた。もちろん、それは地域住民らの力の結集などによる成果であったが、大塚さんが立役者の一人であることは間違いなかった。

群馬県のお隣、長野県にしがらみのない奇矯な知事が誕生し、全国的に耳目を引いた時期があった。作家から転身した田中康夫知事である。

ガラス張りの県政を標榜した田中知事が打ち出したいくつかの新機軸のうち、日本中に大きな影響を与えることになったのが、二〇〇一年二月二〇日の「脱ダム」宣言だ。田中知事は「日本の背骨に位置し、数多の水源を擁する長野県に於いては出来得る限り、コンクリートのダムを造るべきではない」と表明し、計画中の県営ダムを中止した。そのうえで「治水の在り方に関する、全国的規模での広汎なる論議を望む」と、全国に大々的に発信したのである。

これまでのダム一辺倒による治水施策を転換すべきとの「脱ダム」宣言は、日本中に大きなインパクトを与えた。治水イコールダム建設と信じて疑わずにいた日本国民の多くが「目から鱗」

の思いでこれを受け止め、ダム事業の是非をめぐる論議が全国各地に広がる一大契機となったのである。

長野県知事が政策転換をド派手に表明した丁度その頃、碓氷峠を隔てたお隣の群馬県でも知事がダム事業の再検討を表明していた。旧自治省出身で、当時、三期目に入っていた小寺弘之知事である。二〇代で国から群馬県に幹部として出向し、そのまま一度も自治省に戻ることなく県の重要ポストを歴任した小寺氏は、一九九一年に群馬県知事となった。行政のプロで、派手なパフォーマンスとは無縁の人だった。目立つことを嫌う官僚タイプで、いぶし銀的な存在といえた。お隣、長野県の知事とは真逆で、群馬県外の人にはほとんど知られていない地味な知事であった。

小寺知事による県営ダム事業の見直しは、全国的な話題とはならなかった。メディアの関心はもっぱら「脱ダム」宣言をぶち上げた長野県知事に集中し、ダム建設の続行を主張する長野県議会との壮絶なバトルに取材が殺到した。全国メディアは大挙して碓氷峠を超えて長野県入りし、群馬県内を素通りしていったのである。

小寺知事が県の事務方に再検討を指示した県営ダム事業は増田川ダム、それに倉渕ダムの二つだった。いずれも国の公共事業再評価基準（事業着手から一〇年経過して未完成）に基づく審査対象となり、一九九九年一一月に県の公共事業再評価委員会で「事業継続」との判断が下されていた。このうち倉渕ダムはすでに付け替え道路の整備が始まり、新年度（二〇〇一年度）からダム本体の工事に入る予定となっていた。倉渕ダムの当初の建設費は約二七五億円（その後、約四〇〇億円に増額）で、既に約一三三億円が投じられていた。

小寺知事の指示による異例の再検討開始に群馬県議会は騒然とした。二〇〇一年三月七日、県議会環境土木常任委員会で県河川課が倉渕ダムの調査報告を行い、議員から厳しい質問を浴びた。長野の脱ダム宣言の影響かと穿った見方をする声さえあった。

「実は県議会で取り上げられるまで倉渕ダムのことは全く知りませんでした。地元の県議さんに声を掛けられて学習会に参加し、県のパンフレットなどを初めて見て、〝おかしな事業だな〟と思いました。それまでホントに何も知らなかったんです」

大塚さんは当時をこう振り返った。

群馬と長野の県境に位置する鼻曲山《はなまがりやま》（標高一六五四メートル）を水源とする烏川《からすがわ》は、倉渕村（当時・二〇〇六年一月には合併して高崎市）、榛名町（当時・二〇〇六年一〇月に合併して高崎市）、高崎市を流下して他の川と合流しながら利根川に流れ込む、長さ六一・八キロメートルの一級河川だ。倉渕ダムはその最上流部に建設される重力式コンクリートダムで、流域での洪水被害を防ぐための治水と高崎市の水道用水確保を目的とした多目的ダムである。総貯水量は一一六〇万立方メートルで、堤高は八五・六メートル。完成すれば県営ダムとして二番目の大きさになる。

倉渕ダムの建設予定地は一九七九年に決まり、事業そのものは一九九〇年に正式決定した。工事開始は一九九五年で、付け替え県道の建設から始められた。ダムの完成は二〇〇九年度の予定であった。多目的ダムなので国庫補助対象となり、建設費の八七・九％が治水目的で国と県が半分ずつ負担し、残り一二・一％は利水目的となり、水利権を得る高崎市が負担する。

ところが、大塚さんのみならず高崎市民のほとんどが倉渕ダムの計画を知らずにいた。それどころか倉渕村の住民たちも村内に県営ダムがつくられることを知らなかった。ダムの建設予定地が山奥の県有地であったからだ。ダム建設によって水没する民家はなく、地元との補償交渉なども不要となっていた。

こうして流域住民のほとんどがどんな目的でどこにダムがつくられるかを知らない状態で、付け替え道路建設の工事などが粛々と進められた。皮肉なことに、知事が倉渕ダム事業の再検討を表明したことに建設推進の県議らが猛反発したことから、住民らは足元でダム建設が進められていることを初めて知り、びっくり仰天したという次第だった。

倉渕ダム計画に関心を持った大塚さんは、ある学習会に参加することにした。それは高崎市選挙区選出の宇津野洋一県議（日本共産党）が呼び掛けた集まりで、大塚さんは知人に声を掛けられたのだ。地元の高校教師を経て県議となった宇津野さんは温厚で面倒見の良い人柄で、幅広い層から支持を集めていた。そんな宇津野県議の呼び掛けとあって、参加者は多種多様だった。長机が四角に並べられ、一〇人ほどが互いに顔を合わせるように座った。学習会は倉渕ダム計画についての説明から始まった。呼びかけ人である宇津野県議がその役を務め、参加者からの質問にも応じた。誰もが真剣な表情で話しに聞き入っていた。会の終了時間が迫ったころだった。宇津野県議が倉渕ダム計画に反対する住民運動の立ち上げを呼び掛けたのである。参加者の中には戸惑いの表情を示す人もいたが、大塚さんの気持ちは固まっていた。おかしな事業だとの思いがますます強まったからだ。それに県が作成した倉渕ダムのパンフレットを熟読するうちに元土木技術者として興味もそそられた。どのような事業内容なのか、事業効果はどうなのか、技術的なチェックを自らやってみたくなったのである。

群馬県パンフの幻の倉渕ダム完成予想図

学習会に参加した大塚さんはその後、一人で県の資料を読み込み、現地を歩き、さらに県や国土交通省にも直接取材して回った。県のダム担当者と何度もやりとりを重ねるうちに、彼らとの間に一定の信頼関係も出来上がっていった。元土木技術者としてデータに基づく議論を冷静に行ったことから、県の担当者も資料を隠すことなく見せてくれるようになっていた。そうした独自の調査研究を重ねた末に、大塚さんは倉渕ダムの資料を自力で作成した。その内容は、事業主体の県が配布したダムの効用を強調するパンフレットとは大きく異なるものとなった。

保守大国で異例のダム反対運動

宇津野県議の呼びかけで始まった学習会が母体となり、倉渕ダムの建設に反対する市民団体が発足した。「高崎の水を考える会」で、大塚さんは事務局長に就任した。環境保護運動家として地元で知られる高階《たかはし》ミチさんと飯塚忠志さんが会の共同代表となった。高崎市内を流れる烏川沿いで生まれ育った高階ミチさんは、もとはごく普通の専業主婦だった。喘息もちで肉を受け付けない体質のご主人をもち、また、生まれた子どもも病弱だったため、食事に人一倍、配慮する生活を送っていた。家族の体質改善と強化を願い、低農薬の野菜中心の食生活を続け、その関係で有機農家の大塚さんとも知り合った。高階さんは自分の畑で豆なども栽培しており、近隣で計画されたゴルフ場開発に反対の声を上げるなど、活動的な女性だった。「義理と人情と自民党」といわれるほど保守的で、かつ、男尊女卑の気風も根強い群馬において、異色な存在といえた。「上州（群馬）名物、かかあ天下と空っ風」と言われているが、「かかあ天下」というのはあくまでも家庭内での話で、社会的な位置づけを表現したものではなかったからだ。

二〇〇一年六月に高崎市内で「高崎の水を考える会」の結成集会が開かれ、会場に五〇人ほどの市民が集まった。結成集会ではまず高崎経済大学の西野寿章教授が記念講演を行い、そのあと、大塚さんが自ら作成した資料をもとに倉渕ダム事業の疑問点などを報告した。県の主張よりも治水効果がずっと小さいこと、県の水需要予測が過大で利水面での必要性に乏しいことなどが指摘された。こうして県が進めるダム事業に異を唱える住民運動が、保守王国の群馬でスタートした。大塚さんはその後（二〇〇一年八月）、「倉渕ダムは必要か」という一四頁ほどの冊子を作成し、広報活動に活用した。

ダムに反対する「高崎の水を考える会」が結成されたものの参加メンバーの顔ぶれはあまり変わらず、運動の輪はなかなか広がらなかった。会に参集した顔ぶれを見て一般市民は敷居が高いと感じたのか、新たに加わる人は多くなかったのである。会の活動はダム計画の検証・学習といった内向きなものとなり、大きな壁にぶちあたっていた。

そうした状況に焦りを感じた事務局長の大塚さんは、もっと毛色の違った人たちも取り込みたいと思った。仲間うちでこぢんまりと進めるような活動ではなく、いろんな人たちが加わった幅の広いものにしたかった。そうしなければ、ダム計画は止められないだろうと思ったからだ。そんな彼の頭に浮かんだのが、有機農産品の顧客に紹介されて顔見知りとなったある政治家だ。といっても、その人は国政選挙に落ち続けている候補者にすぎなかった。中島政希さんである。

田中秀征衆議院議員の政策秘書を務めた中島氏は一九九五年に「さきがけ群馬」を設立し、代表となった。その後、民主党に合流し、一九九六年と二〇〇〇年の衆議院選に高崎市などの群馬四区から出馬し、いずれも落選。捲土重来を期して高崎市内で政治活動を続けていた。こうした経歴が示すように中島さんは民主党といっても労働組合系ではなく、非自民の保守派であった。強大な自民党と連合や自治労といった組合系が一定の力を保持する群馬の政治風土の中で、きわめて珍しい存在であった。地域の中に大きな支持基盤を持たない政治家である。

大塚さんは倉渕ダムの資料を抱えて中島事務所を訪ねてみた。「高崎の水を考える会」が結成されて約半年が経過していた。大塚さんは応対に出てきた秘書に資料を渡し、ダム計画の問題点などをざっと説明した。若い男性秘書は熱心に耳を傾けてくれたが、「よくできた資料ですね」との感想を語る程度だった。大塚さんは応対に出た秘書が倉渕ダム事業の詳細を把握していないなと感じたという。その場では中島氏本人とは会えず、資料を置いて改めて出直すことにした。その後、大塚さんは中島氏本人に直接、会って説明する機会を得たが、すぐに新たな動きが生まれるということにはならなかった。

大塚さんの思い悩む日々が続いた。なにか打つ手はないものかと考え続けているうちに、一つの策が浮かび上がった。それは「倉渕ダム事業の内容を第三者に客観的に検証してもらう」というものだった。大塚さんは検証作業の委託先として京都にある民間の調査研究機関「国土問題研究会」(以下・国土研)」が最適ではないかと考えた。

思い立ったらじっとしていられないのが、大塚さんだった。高崎から夜行バスに乗って京都を目指した。鞄の中に自ら作成した倉渕ダムに関する資料や県のパンフレットなどを詰め込んでいた。二〇〇一年一二月のことだった。

京都市内にある「国土研」事務所で理事長の上野鉄男氏と中川学氏が大塚さんの来訪を待ち構えていた。二人のダム専門家は大塚さんが持参した倉渕ダムの資料を熟読すると、「これはおかしな計画ですな」と異口同音に語った。問題ありとの認識を示したのだった。もっとも、綿密な現地調査なしで軽々に結論など下せるはずもない。二人は大塚さんに「正式な調査を実施するには一〇〇万円以上かかります」と伝えた。客観的な検証を行うには、当然ことながら時間と労力、そして交通費などの経費がかかる。そうした現実的な課題を抱えて群馬に戻った大塚さんは、「高崎の水を考える会」の会合で状況報告した。「国土研」に検証してもらいたいが、それには多額の費用がかかる。さてどうするか。

代表の身銭で独自調査を敢行

誰もが押し黙り、会合は重苦しい雰囲気となった。会にそんな財政的な余裕などあるはずもなく、また、個人がポンと簡単に用意できる金額でもなかったからだ。

「ムダ金にはならないと思ったんです。ダムが造られてしまったら、取り返しのつかないことになる。造られなければ、（調査費として）出したお金はムダにはならない」

当時の思いをこう吐露するのは、「高崎の水の会」の高階ミチ共同代表。立ち往生していた議論を高階さんの一言が大きく動かすことになった。なんと「調査費用を全て自分がもつ」と言い切ったのである。

こうして「高崎の水を考える会」は、県が進める倉渕ダム事業の調査・検証を「国土研」に依頼することになった。高階さんは「ちょうど夫の退職金が入ったので、〝お父さん、私たちは税金というみんなのお金でいままで生活してきたので、このお金をダムをとめるために使わせてもらえますか〟と、頼みました。そうしたら、夫が承諾してくれたんです」と、内情を明かしてくれた。高階さんの夫（故人）は、公立の高崎経済大学の教授を長年、務めていた学者で、地域政策を専門としていた。

国土研による現地調査の実施が正式に決まり、大塚さんはその準備に大忙しとなった。県に改めて情報公開請求を行うなどし、できうる限りのダム資料を集めた。県の倉渕ダム建設事務所に足を運び、すっかり顔なじみとなっていた担当者にあれこれ資料請求した。

大塚さんらが「国土研」による現地調査の実施に向けて動き出す前に（二〇〇一年一〇月）、高崎市の西隣、烏川の中流域にあたる榛名町（現在高崎市）で倉渕ダムに反対する住民団体が小さな産声を上げていた。「烏川を大事にする会」で、榛名町内で自然農法を営む田島三夫さんが代表を務めた。もっとも、住民団体といっても会の正会員は田島さん夫婦二人のみ。それに県内外に広がる賛助会員がいるだけだった。そんな小さな会が生まれるきっかけをつくったのも、高階さんだった。

田島さんは二〇〇一年六月に知り合いの高階さんに声を掛けられ、「高崎の水を考える会」主催の倉渕ダム予定地周辺の見学会に参加した。田島さんは偶然にもその一年ほど前、自然農法の仲間たちと倉渕村でダムをテーマとした映画の上映会を開いていた。といっても、倉渕ダムを意識して企画したわけではなかった。なにしろ、田島さんも自宅近くを流れる烏川の上流でダム建設が進んでいることを全く知らずにいたからだ。田島さんは見学会に参加して初めて、倉渕ダム事業に関心を持つようになった。一八歳の時から烏川のほとりで自然にやさしい農業を続ける田島さんは、ダムは極力つくるべきではないと考えていた。

田島さんは現地見学会に参加した後、隣近所の人たちに自分たちの思いを伝えたうえで、「烏川を大事にする会」を夫婦二人で立ち上げた。当初から会のメンバーを増やそうとは考えなかったという。田島さん夫婦は県が作成した倉渕ダムのパンフレットを熟読し、地元の古老や文献などにあたったりした。そんな地道な調査を重ねているうちにおかしな点に気付いた。それも、倉渕ダムの必要性や有効性という本質的な問題に関わるものだった。そのひとつが、県が倉渕ダム建設の根拠として強調していた、過去の洪水被害についてだった。

群馬県の倉渕ダム建設事務所は二〇〇一年一〇月に「倉渕ダム・群馬県」という冊子を作成し、県民に配布していた。その中で県は過去の烏川での洪水被害を列挙し、「烏川沿岸の倉渕村、榛名町、高崎市では（一部略）頻繁に大きな出水を繰り返しており、抜本的な治水対策が急務とされてきました」と、ダムによる治水の必要性を訴えていた。

ところが、田島さん夫婦が過去の洪水被害の実態を調べてみたところ、仰天の事実が判明したのである。県のパンフレットに記載されていた被害事例の多くが烏川の洪水氾濫によるものではなかった。例えば、死者行方不明者五二名を出した一九三五年の台風被害のほとんどが山崩れなどによるものだった。当時の村誌などによると、五二名のうち四九名が山崩れや山津波によるもので、烏川の増水に起因する死亡事故ではなかった。また、一九八二年の死者三名も鉄砲水やがけ崩れによるもので、洪水被害とはいえなかった。

つまり、県は烏川の洪水被害を過大に喧伝し、流域住民の危機意識を煽っているとしか思えなかった。田島さんは「県がダム建設の根拠としてあげていた過去の被害実態が事実ではなかった。こんなでっち上げをしてまでダムを造りたいのかと思った。こうした事実を住民が知ることになれば、ダムに反対する力になるはずだ。これで計画を覆せると思った」と、当時を振り返る。

問題点は他にもあった。田島夫婦は倉渕ダムの治水効果にも大きな疑問を感じた。烏川に注ぎ込む水の多くが榛名山周辺からのものだ。ところが、倉渕ダムは榛名山系から外れた最上流部に建設する計画になっていた。ダム上流部の集水域は狭く、洪水調節機能など期待できるはずもなかった。田島夫妻はこうした本質的な疑問点を列記した自筆の公開質問状を小寺知事宛てに何度も提出し、その回答を粘り強く要求し続けていた。

その頃、「高崎の水を考える会」の大塚さんは「国土研」による現地調査に利用するデータ集めに奔走し、県にいろんな情報の開示請求などを行っていた。

県の怪しい行動から真実を暴く

二〇〇二年三月一四日の午前中のことだった。県から大塚さん宅に請求資料を開示するとの電話連絡が入った。大塚さんがこの時に開示請求した資料は、県が公表した冊子「倉渕ダムについて」に盛り込まれていた治水代替案に関するものだった。この冊子の中で県はダム建設の事業費を三五七億円、ダムを造らずに河川改修した場合の事業費を四一一億円と説明していた。つまり、ダムを建設する方がコスト的にも合理的な治水対策だと主張していた。大塚さんらはそうした数値の積算根拠などのデータを知りたいと思い、情報開示を請求していた。

県から連絡を受けた大塚さんはすぐにダム建設事務所に向かい、資料を受け取った。そのまま自宅には戻らず、入手した資料を持ったまま高崎市役所に寄り道した。この日は市議会の本会議が予定されており、高階さんが市役所内で松浦幸雄市長を待ち構えてアポなし面談を試みると聞いていたからだ。それで大塚は市役所に急いで駆け付け、高階さんと接触。資料を高階さんに渡してコピーを依頼し、別れたのだった。この行動が幸運をもたらすことにつながった。

大塚さんが手ぶらで自宅に戻ると、予期せぬことが起きていた。県の職員が二人、ただならぬ様子で大塚さんの帰りを待ち構えていた。つい先ほど建設事務所で資料を交付してくれた次長と若手職員だった。驚いた大塚さんが「何ですか？」と尋ねると、血相変えた次長が「お渡しした資料に間違ったものが入っていたので、お返しください」と言うのだった。次長のあまりの慌てぶりに大塚さんは「これは何かあるな」と、ピーンと来たのである。それで「開示された資料は高階さんに渡したので、私は持っておりません。高階さんが持っています」と努めて冷静に返答すると、二人はそそくさと車に乗り込み、高崎市郊外の大塚さん宅を急いで後にしたのだった。

大塚さんは即座に高階さんに電話を入れ、「県が資料を差し替えに私の自宅までやってきました。今、高階さんの家に向かっていますから、すぐにコピーを取ってください」と、緊急連絡した。すでにお昼時になっていて、高階さんは市役所からそう遠くない自宅に戻っていた。だが、県の職員が高階さん宅に現れるまでにそれほど時間がかかるはずもなく、それまでにコピーを取るのは不可能だ。さてどうしたものかと高階さんが思案しているうちに、案の定、客が玄関前に現れた。県の職員だった。

高階さん宅にやって来た県の職員は二人ではなく、一人。それもダム建設事務所の次長ではなく、若手の方だった。大塚さんから次長の慌てぶりを聞いていた高階さんは、まるでお使いのような緊張感に欠けた若手職員の顔を見て、「私が女なので甘くみたのかな」と思ったという。そして、とっさに「資料は今、ここにはないんです。会の事務所代わりに使っているところに持っていきました。すみませんが、そちらに三時ごろ取りに来てください」と、機転を利かせた。もちろん、コピーを取る時間を稼ぐためだった。若手職員は高階さんの言葉をそのまま素直に受け取り、何も言わずにクルリと踵を返した。

高階さんは大慌てで自宅近くのコンビニに駆け込んだ。そして、資料のコピーを三部とった。一部だけでは不安に感じたからだ。この機転がのちに大きな意味を持つことになった。

高階さんは大塚さんから渡された県の資料の原本とそのコピー三部をもって、会の事務所代わりの家に向かった。約束の三時に県の職員が一人で原本を受け取りにやってきた。例の若手職員だった。高階さんが原本を返却すると、彼は持参していた資料を差し出して何も言わずに引き上げていった。その姿は上司の命を受けて機械的に動く、「小僧の使い」そのものだった。

使いの職員が引き上げていってから暫くして、ダム建設事務所の次長が息せき切ってやってきた。おそらく気の回らない部下の手抜かりに気付いたのであろう。険しい顔をした次長は高階さんを睨みつけると、「コピーもとっただろう！　それもこちらに返しなさい」と、詰め寄ってきた。高階さんはその権幕に少し驚きながらも、慌てずにコピーを一部だけ相手に手渡した。次長はほっと一安心したような表情をみせ、何事もなかったようにさっと引き上げていった。

こうして県による開示資料の回収騒動がひとまず幕となった。大塚さんたちは間抜けな県職員の自作自演のドタバタ劇に巻き込まれた形となった。迷惑な話ではあったが、願ってもない僥倖でもあった。県が資料交付ミスにあれほどまで焦ったのには、何か特別な裏があったからと考えるのが、当然だ。大塚さんたちは、県が最初に開示した資料の中に自分たちに知られてはならない、ないしは、知られたくない重要な情報が書かれていたのではないかと推測した。実際、その読み通りだった。

大塚さんは原本のコピーと差し替えられた新資料を丹念に読み比べ、謎解きした。県がなぜ交付ミスにあれほどまで狼狽したのか、その理由が判明したのである。それはあまりにも単純なことで、拍子抜けしてしまうほどだった。

「最初に渡された資料のコピーと差し替えられた新資料を見比べて、おかしな点に気付いたんです。一枚の計算内訳書が後から渡された資料にはなかったのです。それだけが消えていました。その事実を知った時、私はこれで倉渕ダムをつぶせると思いました」

大塚さんは謎を解き明かした時のことをこう語った。そして、こんなことも言っていた。

「あまりにも単純な内容だったので、県が大慌てで資料の差し替えに来なかったら、内訳書の重要性に気付かなかったと思います」

思いもかけなかった相手方の大ポカによって衝撃の事実を突きとめた大塚さんはすぐには動かず、暫く一人であれこれ思案した。そして、国土研による第一回目の現地調査が終了してから、高階さんらと相談して行動に出ることにした。四月を迎え、年度は二〇〇一年度から二〇〇二年度にかわっていた。県はすでに人事異動を実行し、職員体制は新たなものになっていた。

大塚さんが県に公開請求したのは、主にダム建設事業費とダムによらない河川改修案の事業費についてだった。県は倉渕ダムの建設費を三五七億円、ダムによらない河川改修費を四一一億円と試算し、両者を比較してダム建設の優位性を主張していた。コスト的にもダムを造った方が合理的だという訳である。こうした数値を示されれば、誰もが「それならばダムを造った方がよい」と、判断するはずだ。しかし、そう判断するには大前提が必要となる。行政側が示した試算値に客観性、信頼性がきちんと担保されていなければならない。実は、ここに大きな落とし穴が存在する。行政の恣意や都合、操作によって試算値が捻じ曲げられているケースは皆無ではない。ダム事業を進めたい行政側がはじく数値をそのまま鵜呑みにすることは、実のところ危険極まりない。試算の中身、根拠、条件、積算の仕方、単価設定などを客観的に検証する必要がある。

ところが、事業主体の行政が示す試算値を検証せずにそのまま信じ込んでしまうのが、通常だった。住民はもちろん、行政をチェックするはずの議会も同様だ。いや、ほとんどの議会がチェックする意識も能力も欠けた議員の集まりになっているのではないか。そうした実態が定着してしまっているからこそ、大塚さんはダム案と河川改修案の双方の試算値を自らチェックしてみようと考え、県に情報開示を請求したのだった。

大塚さんの調査によると、県から最初に交付された資料にはダムを建設しない場合の河川改修費の項目に、用地補償費（買収費）の細目などが記載されていた。そこには「宅地」の用地単価が一平方メートル当たり二〇万円、「田畑」が同じく五万円と明記されていた。それぞれの数量（面積）を掛けた金額の合計値、つまり用地費総額は二一〇億九〇〇〇万円と記載されていた。これに一七四戸の移転補償費六九億六〇〇〇万円と工事諸費などを合算して弾き出された総事業費は、四一一億四三〇〇〇万円となっていた。

ところが、県が再交付した資料には用地単価の細目などが削除され、用地費二六五億八〇〇万円、補償費八三億五二〇〇万円という記載だけになっており、総事業費は当初の資料に記載された額と同じ四一一億四三〇〇万円となっていた。つまり、県は、河川改修する場合に想定される用地買収費の単価設定値を慌てて隠したのである。

では、県は、なぜ、そんなことをしたのだろうか。大塚さんは「実勢価格よりも明らかに高い単価設定になっていました。例えば、宅地は一平方メートルあたり二〇万円で計算していましたが、ここ数年の周辺の取引事例を調べたところ、これは実勢価格の数倍から一〇倍以上の価格になります。榛名町の田畑の価格は当時、一平方メートル当たり一万円か二万円でした。それが五万円という設定になっていました。用地買収費を過大に試算して、河川改修費がダム建設費よりも高くなるように数値をでっち上げたとしか考えられません」と、解説してくれた。なるほど、県は用地買収費の試算値の水増しが発覚するのを恐れたのであろう。それで、うっかり交付してしまった最初の資料を血相変えて回収に走ったと考えるのが妥当ではないか。交付ミスに気付いた後の慌てぶりも裏目となり、一番知られてはならない相手に一番知られてはならないことを知られてしまったのである。

思わぬ幸運により、県が進めるダム事業の欺瞞性を暴く武器を手にした大塚さんは、それをどのように活用すべきか高階さんらと話し合い、ある知り合いの力を借りることを思いついた。自分の有機野菜の購買者で、都内在住の著名な弁護士、梓澤和幸氏だった。さっそく懇意にしていた梓澤弁護士に電話で顚末を話すと、経験豊富な敏腕弁護士もさすがに驚きの声をあげた。そして、県職員がとった行動は「公文書毀棄《きき》にあたるのではないか」との見立てをした。梓澤弁護士も強い関心を示し、直接会って協議することになった。ちなみに梓澤弁護士は群馬県桐生市の出身だった。

当時、「高崎の水を考える会」は、大塚さんと高階さんら五人が中心となって動いていた。大塚さんはその中心メンバーの一人と一緒に上京し、梓澤弁護士の事務所を訪ねた。事務所内に入ると、そこに一人の記者も待ち構えていた。朝日新聞社の本田雅和記者で、取材力に定評のあるジャーナリストで、梓澤弁護士の知り合いだった。大塚さんは、梓澤弁護士が本田記者に記事を書いてもらいたいと考えていると感じた。それが一番、効果を発揮すると考えているように思えた。それに大塚さんも異存はなかった。彼も差し替え騒動の話が中途半端に報道されてしまったら、県に握りつぶされてしまう恐れがあると思っていたからだ。情報が漏れないように細心の注意が必要との認識を持っていた。

しかし、同行した会のメンバーは違った思いを抱いたようだ。朝日新聞の本田記者の取材だけでは不安に思ったのか、梓澤事務所での協議を終えると、突然、知り合いの週刊誌記者にも話をしたいと言い出し、アポなしで出版社にいくことを主張した。大塚さんは仕方なく同行したが、メンバーの知り合いの記者が不在だったため、空振りに終わった。大塚さんはそのメンバーの言動に危惧の念を抱き、その後は単独で行動するようにしたが、それが後々、別の大騒動を引き起こす要因のひとつになってしまった。

県職員を徹底追及する敏腕記者

　都内での協議後、朝日新聞の本田記者から大塚さんに難題が持ち掛けられた。資料を差し替えた当時のダム建設事務所次長に直接会って、どうしても話の裏をとりたい。ついてはその次長に会えるように尽力してくれないか、という厄介な依頼だった。本田記者は東京本社社会部次長で、群馬県庁の記者クラブ員ではなかった。それに相手の次長も人事異動ですでに出先から県庁の別の部署に移っていた。それも異例の出世をしてのことだった。当該の県職員に全くの担当外の記者が正面から取材を申し込んで、承諾を得られるはずもなかった。また、取材の趣旨を正直に明かしたうえで申し込むこともあり得なかった。相手に直撃取材するしかなかったのである。

　本田記者は大塚さんに対し、県の担当者に直接、確認しなければ記事にすることはできないと繰り返した。困りはてた大塚さんは「やれるだけやってみよう」と、本田記者と一緒に群馬県庁を訪れることにした。二〇〇二年四月五日（金曜）の昼下がり、二人は県庁内に緊張しながら足を踏み入れた。東京からわざわざ群馬にやってきた本田記者を手ぶらで帰す訳にはいかない。大塚さんは覚悟を決め、四月に本庁に栄転したダム次長の新しい職場へと向かった。部屋の前で本田記者は待機し、大塚さんだけが中に入ることになった。

　大きな部屋の中を覗いてみると、幸運にも馴染みの顔がすぐに目に入った。向こうも気付いたようで、嫌な顔を見せずに大塚さんに近づいてきた。どうやらあの騒動をすっかり忘れてしまっているようだった。懐かしそうな表情さえ見せていた。そして、突然、姿を現した大塚さんを警戒する素振りもなく、衝立で仕切られた応接スペースに手招きした。もちろん、次長は大塚さんが回収した原本のコピーを持っていることなど思ってもいなかった。

大塚さんは次長と久しぶりに対面し、たわいのない世間話を暫く交わした。そして、頃合いを見て、「ちょっとトイレに行ってきます。すぐ戻ります」といって席を離れた。部屋の外に出た大塚さんは本田記者と合流し、何も知らずにいる次長の元へ戻った。

トイレに立ったはずの大塚さんが見知らぬ男を連れて部屋に戻ってきた。その姿を見て次長は不審に思ったはずだ。しかし、もう逃げられなかった。ソファーに座って次長と対峙した男はただ者ではなかった。大手新聞社のそれも腕利きのスクープ記者だった。ダム資料の再交付騒動の事実確認と資料を差し替えた理由、さらには土地単価の見積もり額などについての直撃取材が敢行された。その現場に同席した大塚さんは本田記者の追及力の凄まじさに驚嘆し、舌を巻いた。そして、しどろもどろになる次長に対し、若干、申し訳ないなという気持ちも抱いたという。

次長は本田記者の追及にまったく手も足も出ず、差し替えの事実を認めた。そして、「上からの指示でやっただけ」と責任逃れの姿勢に終始した。だが、本田記者は追及の手を緩めず、土地買収費の試算の元となった土地単価とその根拠、さらにはそれらの妥当性についても説明を求めた。あたふたする次長はこれらの質問には答えず、「担当課に聞いてくれ」の一点張りだった。

本田記者と大塚さんは河川課長に直接、問い質すことにした。

河川課を訪ねると、課長が物凄い形相で待ち構えていた。大塚さんが一瞬たじろいでしまうほどの拒絶オーラを漂わせていた。本田記者と課長のバトルが開始された。

小林俊雄河川課長の説明はこうだった。最初に交付した資料はコンサルタント会社が作成したもので、宅地単価が高く、田畑単価が安く見積もられていた。実勢価格と違うことに河川課が気付き、高崎市内の五カ所、榛名町の一カ所の公示価格（宅地と商業地）を平均し、土地単価を一律一平方メートル八万五〇〇〇円に修正した。この単価で買収費を再計算したところ、総額は変わらなかったので、単価などの細目を記載していない資料に差し替えたという。

本田記者は河川課長の口頭のみでの説明では納得せず、平均値を弾き出す際に使った資料の提示を改めて求めた。課長の説明を鵜呑みにするわけにはいかないからだ。これが思わぬ事態を引き起こすことになった。本田記者と大塚さんは県庁内で延々、待たされるはめになってしまったのである。なんと五時間。大塚さんは仕事があったので途中で諦めて自宅に戻り、本田記者が一人で待ち続けた。そして、延々待たされた挙句に提示された資料は、八万五〇〇〇円という数字が書かれたメモ一枚だった。それも手書きである。買収費の総額に合うように辻褄を合わせた数値としか思えなかった。

群馬県庁での取材を終えた本田記者は、帰京後も取材を重ねていた。そして、ある日の午前中、烏川の上空を飛ぶヘリコプターの中から大塚さんに電話してきた。本田記者はいま倉渕ダムの建設予定地を上空から写真撮影していると語り、「今日の夕刊に記事を掲載します」と、大塚さんに告げたのだった。後日わかったことだが、榛名町の田島さんは本田記者が搭乗していたこのヘリコプターを地上から見ていたという。もちろん、偶然である。田島さんはヘリコプターが何のために飛んでいるのか、誰が搭乗しているのかも知らずに、見上げていたのである。

二〇〇二年四月一〇日の朝日新聞夕刊に倉渕ダムに関するスクープ記事が大きく掲載された。群馬県がいったん情報公開した資料を回収し、重要情報を伏せたものに差し替えた行為を問題視した記事だった。的確でかつ、迫力ある記事に大塚さんらは喜んだ。ただ一点だけ残念なのは、あいにくの天候でうまく撮影できなかったようで、ダム予定地の写真が掲載されていなかった点だった。

朝日新聞が放ったスクープ記事に群馬県庁内は大騒ぎとなり、急遽、その日のうちに河川課長が弁明会見を開くことになった。一方、大塚さんたちも県がこうした対応を取るだろうと事前に予測し、すでに先手を打っていた。午前中に県庁記者クラブの幹事社に電話で会見の申し入れを行っていた。「重要な案件で」とだけ伝え、午後三時に「高崎の水を考える会」としての会見をセットしていたのである。

県に先んじて県庁記者クラブで会見した大塚さんらは詳細を説明し、さらに、その場で県の土木部を驚愕させることを表明した。県が開示資料を差し替えた行為は「公文書毀棄罪」にあたるとして、刑事告発するとの方針を明らかにしたのである。大塚さんらの会見が終わると、今度は県側が記者会見に臨んだ。双方が記者クラブ室の入り口ですれ違うことになり、その瞬間、激しい火花が散った。

大塚さんと入れ替わって会見室のマイクに向かったのは、河川課の小林俊雄課長だった。さすがにさえない表情で、必死に弁明した。「当初資料の用地単価がアンバランスだったうえ、試算の結果で総額が変わらなかったため、細目を記載しない資料を開示すればよいと判断した」と、理解に苦しむ説明を繰り返した。

だが、県側が懸命に語れば語るほど、疑惑は深まる一方だった。例えば、なぜ、細目を記載した資料を開示してはならないと判断したのか。そして、用地単価がアンバランスだったのに、なぜ、総額は変わらなかったのか。そもそも宅地と田畑の土地単価を一律にして試算することが妥当なのか。そして、その一律の価格がはたして客観的に弾き出されたものといえるのか。県の説明はどう考えても、不可解極まりないものだった。

県は高崎市内の五カ所、榛名町の一カ所の公示地価（宅地と商業地）を平均し、土地の単価を一律で一平方メートルあたり八万五〇〇〇円とした。しかし、買収予定地の七五％を占める榛名町で、一カ所の公示地価しか取り入れていなかった。

住民による前代未聞の刑事告発は四月一九日に実施された。「公文書毀棄罪」の疑いで刑事告発に出たのは、「高崎の水を考える会」の大塚さんと高階さん、それに「烏川を大事にする会」の田島さんの三人。一方、彼らに告発された県職員は河川課の小林課長とダム建設事務所次長（当時）の二人だった。代理人の弁護士に支払う費用などは高階さんが全て負担した。

この刑事告発を契機に、倉渕ダムの問題が連日、新聞各紙に大きく取り上げられるようになった。県民の関心を集めるようになり、倉渕ダム事業が初めて広く知られるようになった。こうして倉渕ダム問題は新たな局面に進んでいったが、ややこしい事態を生むことにもなった。倉渕ダムに反対する市民団体「高崎の水を考える会」の内部に、冷たい風が吹き荒れ出したのである。なんと、会の中心メンバーの間に不協和音が生じていた。

刑事告発を契機に倉渕ダム問題が新聞各紙に大きく取り上げられるようになった。それらの取材を事務局長の大塚さんが一手に引き受けた。技術的なことに詳しく、資料を読みこなしている。そのうえ現地の状況にも明るい。事務局長としての役割としても当然のことであった。大塚さんは取材対応だけでなく、県や市への申し入れ書などの作成も全て一任されていた。

しかし、一人で奔走する大塚さんに「独断専行だ」と陰口をたたく人が現れ、会の雰囲気は日に日に悪くなっていった。また、会のメンバーの中には「県職員を刑事告発するのは、市民団体としてやりすぎではないか」と主張して、活動から距離をおく人も出て来た。こうしたことから大塚さんは自分が仲間たちに疎ましく思われているように感じ始め、次第に自分が敵視されているのではと思うまでになっていった。倉渕ダムをストップさせようと頑張れば頑張るほど会の中で孤立していくようで、どうにもやるせない思いを募らせていたのである。

「国土研から五人の専門家がやってきて、一週間ほどかけて現地調査しました。ダム予定地の地盤の状況があまりにも酷く、二人がさらに追加調査するほどでした」

こう振り返るのは、「高崎の水を考える会」の高階ミチさんだ。国土研による現地調査は二〇〇二年三月と五月の二回にわたって行われた。ちょうど県による公文書差し替え問題が発覚し、倉渕ダムへの関心が一気に高まっていた時期だった。国土研の現地調査団は、倉渕ダム計画に関する報告書をとりまとめ、県の計画の問題点を後述のように鋭く指摘した。

県は一〇〇年に一度の大雨による洪水を防ぐためにダムを建設するとしていた。カスリーン台風級を想定したものだ。県はこうした大雨の時に烏川に流れ込む水の量（基本高水のピーク流量）を、高崎市内の君が代橋地点で毎秒二八〇〇トンと見積もっていた。ところが、その根拠となる実際の基準地点における洪水時の流量観測データはなく、県は他の地点の洪水時の雨量などで推計していた。

これに対し、現地調査団は、県が推定した毎秒二八〇〇トンというこの数値そのものが過大であると指摘した。県は推定にもちいた河川の流量のデータに相当の幅があるのに、その最大値だけを採用するなど、推計を恣意的に行っているとした。それを裏付けるのが、同じ地点で国土交通省が設定した基本高水のピーク流量であった。国は県のそれよりも八〇〇トンも少ない、毎秒二〇〇〇トンと設定していた。つまり、県は洪水対策の基本的なデータとなる基本高水のピーク流量を少なくとも八〇〇トン、文字通り、水増ししていたことになる。

また、県はダムを造らないと高崎市内の広範囲が洪水に見舞われるとした。想定される洪水氾濫エリアは、高崎駅東口までの約二〇〇〇ヘクタールにも及んでいた。ところが、これもデタラメというのである。地形の関係で県の想定のようにはなりえないと指摘した。県もこうした指摘を受け、その後、想定氾濫区域を二回にわたって縮小した。当初の約二〇〇〇ヘクタールが七二〇ヘクタールに縮小され、さらに九七ヘクタールに狭められたのである。

三つめの問題点がダムの洪水調節効果である。治水基準点の君が代橋地点での川の流量カット効果は毎秒二〇〇トンしかなく、ダムを造っても水位を二〇センチほど下げる効果しかない。下流の堤防を二〇センチかさ上げすれば済む話であった。倉渕ダムが、洪水から守るべき高崎の市街地から遠く離れている場所に計画され、しかも、ダムより上流の流域面積が烏川全体の流域面積のわずか八％しかないことから、洪水調節能力に欠けていたのである。要するに、造ってもほとんど役立たない能力の低いダムだった。

四つめがコスト面の問題だ。繰り返しになるが、県は河川改修の方がダムを造るよりも高くつくと主張した。示した試算値は河川改修案が四一一億円、ダム案が三五七億円だった。ところが、例の資料差し替え騒動により河川改修案の試算がおかしいことが判明した。用地単価が実勢価格よりはるかに高く設定されており、ダム建設の方が安上がりという県の主張に疑問符がついた。また、現地調査団は用地単価だけでなく、県が必要以上の用地買収を計画しており、それらを適正化すれば、河川改修は当初の四一一億円ではなく、二九九億円から三三七億円程度で済むと指摘した。

国土研の調査報告により、建設の妥当性について疑問が投げかけられたため、群馬県の小寺知事は県土木部に説明責任を果たすよう求めた。土木部は知事の命を受けて両案の試算をやり直し、その結果を六月三日に記者発表した。それによると、ダム案は三四九億円、河川改修案は三四一億円から三七〇億円に変更された。買収単価次第では河川改修の方が安上がりになることを認めたのである。県のダム計画の杜撰さ、デタラメさが次々に露見した。しかし、守勢に立たされた県はそれでもダム建設をいっこうに諦めなかった。ダム建設に伴う県道の付け替え工事に九八億円を投じていることに加え、河川改修の場合には、用地買収や立ち退き交渉などで時間を要することや、水源確保ができないことなどから、「ダムの方が有利だ」と一歩も譲らなかったのである。

住民説明会で露呈した役人の無知

県土木部は新たな試算値を発表した後、初めて倉渕ダムについての住民説明会を二回にわたって実施した。初回の六月二三日は高崎市内のダム建設事務所で行われ、ダム建設に反対する市民団体の関係者ら約三〇人が会場に詰め掛けた。大塚さんや高階さん、田島さんといったいつものメンバーだけではなく、珍しい人たちも参加した。民主党群馬四区総支部の関係者らで、代表の中島政希さんも姿を現した。

初めての住民説明会でマイクを握ったのは、県の川西寛・土木部長だった。国交省から県に出向中のキャリア官僚である。本省では課長補佐クラスにすぎない土木部長は、出向先の群馬では年長の部下たちを従えていた。

川西土木部長は倉渕ダムの必要性について、パネルを使いながら立て板に水のごとく語り出した。しかし、田島さんらは滔々と語る土木部長が大きな間違いをしていることにすぐに気がついた。それは専門家としてあってはならない重大なミスで、現地に全く精通していないことを自ら明かすような珍プレーであった。なんと烏川の流域を示すパネルを上下逆さまにして説明していたのである。つまり、土木部長は上流（西方）を右側、下流（東方）を左側という東西を逆にしたパネルで解説を続けていた。これには参加していた住民は皆、呆れかえってしまった。後ろに控えていた県の職員も間違いに気付いていたようだが、なぜか、誰も土木部長にミスを指摘しなかった。当人だけが気づかずにいたのである。

川西土木部長の説明がひとまず終了すると、田島さんはたまりかねて「部長、烏川の水の流れる向きが逆になっていますよ。そんないい加減な説明をする人を我々、民間では〝詐欺〟といいます」と、声を上げた。土木部長は田島さんの指摘を受けて初めて自分のミスに気付いたのか、下を向いて無言のままだった。国から出向中の土木部長が地元の状況にあまり詳しくないことがすっかりバレてしまった。

二回目の説明会は六月二五日に高崎市内の公民館で開かれた。主に流域の住民を対象にしたものので、地元の区長さんら四〇人が集まった。田島さんらも会場を訪れ、中に入ろうとしたところで、県側とひと悶着となった。

「県は事前に協力的な区長などを動員していました。私たちが会場に入ろうとしたら、締め出されそうになり、県職員と押し問答になりました。その頃はメディアも関心を持つようになっていまして、記者もたくさん会場にかけつけました。それもあってか私たちも中に入ることができました」

なんとか会場の中に入れた田島さんは、前の方へ進み、腰を下ろした。そして、県の説明にじっと耳を傾けた。その内容は「流域住民の安全を守るためには、ダム建設が最良の方法だ」という毎度のものだった。続いて行われた住民側との質疑では地元住民からむしろ疑問や批判が相次いだ。県の想定外の展開となったのである。

県土木部は航空写真を使って氾濫想定地域を指し示していたが、それはとんでもなく幅広いものだった。このため、土地の起伏をよく知る住民から「そんな所にまで水が溢れるはずはない」といった疑問の声が噴出し、「県はいたずらに不安をあおっていないか」といった指摘も飛び出した。また、「本当に危ない所は限られているのだから、そこだけ堤防を造ればよい。ある場所で破堤するというのなら、そこだけ補強すればいい」といった意見も出された。さらに、住民から「実地に即した治水対策を誠心誠意追求してください。それが仕事なのですから。ダムによる烏川の治水など考えられません」といった声があがり、会場内に拍手が鳴り響いたりした。それでも県土木部はダム建設を推進していくとし、住民の反対意見に耳を貸す姿勢はなかった。

田島さんは二回の住民説明会に参加した後、小寺知事宛てに公開質問状を提出した。二〇〇二年六月二八日付で、そこには「ダムを作る理由を考えるための行政から、河川と住民とのより良い関係を考える行政へと歩みを進めるべきだと思います」といったメッセージが添えられていた。田島さんは小寺知事にこうしたメッセージを送り付けることに力を注いだ。それは「知事ならば、方向を変えられる」と判断したからだという。倉渕ダムが県営事業であるからだ。

もはや倉渕ダム計画の杜撰さは隠しようもなかったが、県土木部は方針を変えず、推進の旗を上げ続けていた。だが、形勢は明らかにダムに反対する住民側に傾いていたが、事態はより複雑化し、錯綜していった。ダム反対の陣営に新たな住民グループが加わる一方で、「高崎の水を考える会」の内紛が抜き差しならぬ状態になっていたのである。感情的なもつれに行政に対するスタンスの違いも加わり、大塚事務局長が会の中で完全に浮き上がっていた。会合に出ることさえ、彼にとっては耐え難いものになっていた。足がどうしても前に進まず、欠席を重ねていた。

「会の中で孤立していた私のところに、ある方から電話が入りました。中島さんです。彼が『これから一緒にやろう』といってくれたのです。あの時はホントにうれしかった。今でもあの時のことを思い出すと涙が滲んでくるほどです」

大塚さんは当時のことをこう打ち明けた。

大塚さんの元に電話をかけてきたのは、高崎市などを選挙区とする衆議院四区の民主党総支部長の中島政希さんだった。大塚さんがダム反対の声を上げた直後に協力を求めに訪ねた人である。

住民運動の分裂と新規参入

公共事業改革に力を入れていた民主党は、二〇〇一年夏の参議院選挙での公約に「緑のダム構想を掲げ、建設中のすべてのダムをいったん凍結して再検討することを打ち出した。コンクリート中心の治水政策の一大転換を党の政策の柱とした。こうした党の方針に従い、高崎市などを選挙区とする群馬第四区の民主党総支部は二〇〇二年六月一日、倉渕ダム計画の見直しを運動方針とした。その総支部長が中島さんで、次期総選挙の民主党候補予定者でもあった。そんな中島さんが知人である大塚さんに共闘を申し出たのであった。二〇〇二年七月に中島さんの後援会メンバーを中心とした「倉渕ダム建設凍結をめざす市民の会」が発足した。会の代表についたのは、高崎市内で小児歯科医院を経営する武井謙司さんだった。

「中島さんから〝市民の会の代表になってくれないだろうか。倉渕ダムに反対している大塚さんという人がいるので、協力してくれないか〟と頼まれました。私も公共事業の在り方に疑問をもっていましたので、あれこれ迷うことなく引き受けました」

ともに高崎市出身の武井さんと中島さんは古くからの知り合いだった。といってもその出会いは偶然によるものだった。高崎と東京間を走る新幹線の車内でよく見かけることから、お互いの存在を意識するようになったという。平成になる前のことで、当時は高崎から東京に新幹線通勤するケースは珍しかった。歯科医師の武井さんは大学に、国会議員の政務秘書だった中島さんは国会に、それぞれ高崎市内の自宅から通っていた。二人はいつしか新幹線車内で言葉を交わすようになり、通勤仲間となった。たんなる顔見知りから知人、そして親しい友人へと関係は変化していった。

ある時、中島さんが群馬県議選に出馬する決意を武井さんに伝え、選挙での支援を要請してきた。毎日のように車内で会話を重ねていたことから、武井さんは中島さんの見識の高さや志の深さ、そして地元への強い思いを知っていた。政治家として活躍してほしいと思っていたのである。それに彼が自民党ではなく、保守系無所属で出馬すると聞き、応援したいとの思いをより強くしたという。

群馬県は全国でも指折りの自民党王国として知られる。なかでも高崎は福田赳夫、中曽根康弘という超大物政治家のお膝元。首長や地方議員は福田派と中曽根派に明確に色分けされており、互いが激しく角突き合わせていた。そんな強固な自民党支配下にある地域で、地盤や看板、かばんを持たない無名の新人が保守系無所属で出馬することなど、あり得ないことだった。武井さんは中島さんのその心意気にも共感し、地元高崎で歯科医院を経営する父親を紹介した。

武井さんはその後、高崎市内で小児歯科医院を自ら開業することになった。一方、中島さんは県議選での当選は果たせなかったが、国会議員を目指して地元での政治活動を続けていた。武井さんはその中島後援会の中心メンバーとなった。

こうして倉渕ダムに異を唱える新たな住民団体が誕生した。この「倉渕ダム建設凍結をめざす市民の会」は、これまでのダム反対の住民団体とはやや異なっていた。主なメンバーは中島さんを応援してきた人たちで、彼らの多くは小寺県政を支持していた。いわゆる保守系の人たちがほとんどで、これまでのダム反対派の人たちとは明らかに雰囲気が違っていた。

実は、中島さんは小寺知事と直接、話ができる関係にあった。人的なつながりで重なり合う部分が多かったからだ。例えば、中島さんの後援会婦人部幹部で県職ＯＢが独身時代の小寺知事の母親代わりだったこと。また、中島さんの高崎高校時代の恩師で後援会副会長が小寺知事の新宿高校時代の恩師でもあったこと。さらには、中島さんが政策秘書を務めた田中秀征氏と小寺知事は東大の同期で、しかも、新党さきがけの武村正義代表と小寺知事は愛知県庁出向時代に机を並べた先輩後輩の間柄でもあった。そんなこんなで、中島さんは小寺さんが知事になる前からなんとなく知っていて、シンパシーを感じていた。小寺知事も中島さんが書いた論文などをよく読んでいて、時々感想を書いた手紙を送ってきたという。頻繁に顔を合わせる関係ではなかったが、大事な節目では話ができる不思議な関係が続いていたのである。

このため、中島さんは倉渕ダムの反対運動を開始する際も、小寺知事に会って仁義を切っていた。もともと自然環境重視派の小寺知事は、そんな中島さんに「いまは首長たちも議会もダム推進一色だが、ダムに反対する声が多数だと分かれば、再考する」と約束したという。

「市民の会」は発足直後から活発に動き出し、小寺知事への面会を求めた。これまで県首脳はダムに反対する住民団体との接触を避け続けていたが、「市民の会」からの申し入れは一蹴しなかった。「市民の会」の元に高山昇副知事が面会に応じるとの連絡が入り、二〇〇二年八月二日に実現した。武井会長と宮川良一事務局長、それに中島さんの秘書で「市民の会」事務局担当（その後、事務局長）の田島國彦さんが県庁を訪れた。副知事室に入った三人は応対に現れた高山副知事に、意見書と要望書を手渡した。

小寺知事宛てに出された「市民の会」の意見書は、よくあるダム反対派が提出する通常のそれとは少し違っていた。知事や行政を攻撃、批判、敵視するような表現は一切なかった。

同時に提出された要望書も建設的で、かつ、具体的な内容となっていた。市民に対する説明責任を県に求めたもので、「民間人も含む再検討委員会を設置すること」「高崎市民全体を対象とした説明会を開催すること」「情報開示を徹底すること」の三点を挙げていた。

武井会長ら三人は副知事にダム建設の根拠がなくなっていることと指摘し、ダム建設の再考を強く求めた。これに対し、高山副知事は一般論としての水害の恐ろしさを滔々と語り、「水害を防ぐにはダムが必要だ」との通り一遍の説明に終始した。現地の状況を踏まえていない空疎な説明を聞いた「市民の会」の田島國彦さんは「ダム建設の最高首脳の一人がこの程度の認識でいるのか」と、愕然としたという。

武井さんらが副知事と面会を果たした後、高崎市内に倉渕ダムに反対する四番目の住民団体が急遽、生まれていた。大塚さんが「高崎の水を考える会」を離脱し、「倉渕ダム研究会」を立ち上げたのである。

「我が家のファクスが一晩中、動き続けた時が一週間ほどありました。高階さんからも大塚さんからも大量のファクスが我が家に送られてきたんです。しょっちゅう紙切れになってそれはもう大変でした。ファクスの内容については話したくありません。私がお二人の中継点のようになっていました。ダム計画についての姿勢は同じなのだから、行動を共にせず、それぞれでおやりになった方がよいのではと、二人の間に立ちました」

こう当時を語るのは、公文書差し替え騒動後に大塚さんと高階さんと一緒に県職員を刑事告発した「鳥川を大事にする会」の田島三夫さんだ。

こうして大塚さんは「高崎の水を考える会」を辞め、新たに「倉渕ダム研究会」を発足させた。大塚さんは分離独立するにあたり、県庁記者クラブに「会の活動もちょうど一段落したので、ここでさらに小回りのきく活動をしてみたいと考えました。組織としては小さくなりますが機動力のある地道な活動を展開し、倉渕ダム建設の中止に向けて力を注ぎたいと思います」と綴った文書を配布した。

四つに増えたダム反対の住民団体は、互いに連携し合うことを模索した。話し合いを重ね、新たなネットワーク組織「倉渕ダム建設凍結を求める県民会議」を八月に設立した。「高崎の水を考える会」と「鳥川を大事にする会」、それに「市民の会」と「倉渕ダム研究会」の四団体が緩やかに結集することになった。新組織はあえて代表をおかず、四人（高階さん、田島さん、武井さん、大塚さん）の代表世話人制を採用した。権限を特定の人に集中させず、合議制でものごとを進めるためだった。住民運動の分裂や対立、足の引っ張り合いが半ば日常茶飯の日本社会において、きわめてユニークな動きといえた。ダム反対の声は広範なものとなり、運動は急展開していった。

ダム反対運動が急テンポで新たな局面へと進んでいったのには、ひとつの切迫した事情があった。運動が盛り上がりを見せる中で、ダムに反対する住民たちは危機感を募らせていたのである。それは「転流工」（川の流路を一時的に変える工事）の着工が迫っているとの情報を入ったからだ。中島さんが国サイドから入手したもので、早ければ九月にもということだった。本体着工の前段階である転流工が開始されたら、ダム建設の阻止はきわめて難しくなる。それになにより、転流工が進めば川は死んでしまう。

二〇〇二年八月三一日（土曜）に高崎市内で「県民会議」の設立集会が開かれ、会場内は四〇〇人もの市民でいっぱいとなった。その顔触れも多彩で、いわゆる「市民運動家」ではない「一般住民」の姿が目立った。設立集会では東京大学名誉教授の宇沢弘文さんが記念講演を行い、宇沢さんは「県民会議」の名誉顧問に就任した。世界的な学者の参加により、生まれたばかりの県民会議は一気にメジャーな存在となった。メディアに頻繁に取り上げられるようになったのである。

反対運動が盛り上がりを見せる中で危機感を抱いたのが、県土木部などのダム建設推進派だ。県民会議発足直前の八月二九日に高崎市の松浦幸雄市長、榛名町の石井清一町長、それに倉渕村の市川平治村長の三人がそろって小寺知事に面会し、倉渕ダム建設促進を求める「要望書」を提出した。治水対策の確保と高崎市の水道用水の安定供給のため、倉渕ダムの早期完成を求めたのである。これに対し、小寺知事は「積極的な説明が求められる問題でもあり、なぜ（ダムを推進するのか）ということも、折にふれ（住民に）訴えてほしい」と、逆に三人の首長に要望したのだった。烏川流域の治水計画を審議する県の烏川圏域河川整備計画審議会の開催が迫っていた。

県民に寄り添った官僚出身知事

一九六三年に東大学法学部を卒業した小寺弘之さんは、自治省（現在の総務省）にキャリア官僚として入省した。そして、一九六八年四月に自治省ＯＢの神田坤六氏が知事を務める群馬県に医務課長として出向した。二八歳の若さで、まだ独身だった。新宿で生まれた小寺さんは父親の仕事の関係で全国各地を転居する子ども時代を送ったが、群馬とはそれまで縁もゆかりもなかった。当時、群馬県では精神医療施設の新設が課題となっており、その解決を期待されての出向だった。そうした事情から、若手自治官僚の出向ポストとしては通常あり得ない医務課長となったのである。小寺氏は二年間で課題を解決すると、そのまま県の財政課長に転じた。能吏だった小寺氏はこの重責も手堅くこなし、二年が経過した。

地方に出向した若手キャリア官僚は財政課長を終えて霞が関に戻るのが、いわば慣例となっていた。ところが、任期を終えた小寺氏は自治省に戻らず、群馬県庁に残ることを希望したのである。それで秘書課長に横滑りするという異例の人事となった。

当時の群馬県政は国が推進する八ッ場ダム建設で大揺れとなっていた。一大国策にあまり協力的ではなかった神田知事は自民党群馬県連の不評を買っていた。一九七六年夏の知事選で五選を目指していたが、自民党のある県議が出馬を宣言したことから、神田氏は引退を余儀なくされた。しかし、出馬宣言した県議への支持は広がらず、後継候補として県議を四期務め引退していたホテル経営者が急浮上した。そして保守をまとめる第三の人物として、そのまま自民党の公認候補となった。清水一郎氏である。

こうして一九七六年八月に誕生した清水県政の最大の課題は、建設省（当時）が進める八ッ場ダム計画の障害を取り除くことだった。建設予定地の長野原町川原湯温泉にはダム建設に反対する期成同盟が組織され、そこかしこにムシロ旗が立っていた。八ッ場ダム建設はこじれにこじれ、地元住民も推進派と条件付き容認派、そして、反対派に分断・対立していった。

そんな混迷の時に秘書課長となった小寺氏は、清水知事から特命を受けて現地に頻繁に足を運んでいた。ダム反対派のリーダーたちとも秘密裏に接触し、清水知事との会談を何度も持ち掛けた。その相手方である反対期成同盟幹部の高山要吉氏は、当時の内幕を自著（『閑雲草庵雑記』、一九九六年）で赤裸々に書き記していた。

「県の秘書課長、小寺さんから清水知事と会ってほしいと言ってきた。私も初めは『そんな奴に会う必要はない』と強い調子で断っていた。それでも何度も小寺さんを通して会いたいと言ってくる。何度か接触しているうちに窓口となっている小寺さんが、若いけれどなかなかの人物であることがわかってきた。小寺さんは信頼できると思った。私は群馬県知事と会う決心をした」

高山氏は清水知事との極秘会談を重ねるうちに「絶対反対の旗を下ろし話し合いのテーブルにつく潮時が来たと感じた。このとき私は陰で清水知事の手伝いをする決心をした」と、自著の中で告白している。

清水知事が四期目を迎え、八ッ場ダム問題は結着を迎えつつあった。地元住民らは国家権力という巨大な力の前に屈服を余儀なくされていた。その頃、二八歳で群馬県に課長として赴任して以来、本省からの再三の帰ってこいコールを拒んで県庁内に留まっていた小寺氏は、出向キャリア官僚の最高ポストである副知事に四一歳で昇りつめた（副知事就任は一九八二年から）。国のキャリア官僚が最初に出向した自治体にずっと居続ける事例は稀有で、小寺氏は間違いなく自治官僚の変わり種だった。

そんな小寺さんが決断を迫られる事態がやってきた。清水知事が病床に臥せり、任期途中で再起不能となった。一九九一年のことで、ポスト清水をめぐる水面下の駆け引きが群馬政界内で勃発した。

群馬政界は当時、自民党福田派の支配下にあった。福田派のボス県議と福田派の国会議員が清水知事をしのぐほどの権勢を振るっていた。というのも、彼らが清水氏を知事ポストに押し上げたからだ。そんな彼らは反小寺であった。その理由は単純明快だった。小寺氏が中曽根氏に近いとみられていたからだ。県庁内は清水知事の存命中から、清水派（福田派）と小寺派（中曽根派）の暗闘が繰り広げられていた。ちなみに自民党県議団も当時は福田系の「同志会」と中曽根系の「政和クラブ」の二つに分かれており、議員数は福田系が二七人に対し、中曽根系は一八人で劣勢だった。

清水知事が病死し、急遽、県知事選となった。群馬県の場合、自民党が推す候補が必ず知事選に勝利することになっていた。そして、自民党が候補者選びで迷走し、保守分裂選挙になることもなかった。ところが、この時は予定外の急な選挙ということもあり、候補者選びに手間取ることになった。

自民党の福田派は群馬県出身の超大物官僚、石原信雄氏を担ぎ出そうとした。海部内閣の官房副長官を務める石原氏が知事候補になれば、福田派と中曽根派が激しく反目し合う群馬の自民党内に異論など出るはずもなかった。ところが、自民党県議団の福田派幹部が本人に出馬を要請したところ「群馬県には立派な人がいるので県内で最善の選択をしてもらいたい」「長年、小寺君を励ましてきた。将来の群馬県を頼むよ、とずっと言っている」（『上毛新聞』一九九一年六月八日）と、固辞されてしまった。福田派が新たな知事候補を模索している最中に小寺氏が出馬への強い意思を表明し、流れが決まった。福田派はやむなく、小寺氏にのることになった。難産の末、小寺氏が知事選の自民党候補となり、そこに公明党と民社党、それに社会党の三党が相乗りすることになった。

群馬県知事選が一九九一年七月二八日に実施され、小寺氏が約五〇万票を獲得し、共産党の候補を四〇万票以上の大差で退けた。しかし、投票率は四一・五九％と過去最低を記録し、得票数も目標とした六〇万票に遠く及ばなかった。

こうして小寺氏は五〇歳の若さで群馬県知事となったが、県議会を支配する福田派からは中曽根系をみなされ、彼らとの間に大きな溝が生まれていた。福田派県議団の当時の中心人物は高崎市選挙区選出の松沢睦県議で、倉渕ダムの最大の推進者でもあった。

小寺新知事は一九九一年八月の臨時県議会で、知事就任挨拶の演説を行った。自らの政治理念や県政が目指すべき方向性などを明らかにした、施政方針演説であった。小寺知事はこの演説の冒頭で、自らの政治信条についてこう語った。

「県民のための県政、県民本位の県政を重点に置き、不偏不党による公正・公平な県政の運営により、県民の叡智とエネルギーの結集による活力ある県政を目指してまいりたいと考えております。弱い者の味方になりたいという初心を忘れることなく、何よりも県民のことを第一に考え、多くの県民の皆様から知恵をいただきながら、元気のある群馬の創造に向けて全力で取り組んでまいる所存であります。ついては、私も先頭に立って、県内、県外にわたり積極的な行動をとってまいります」

小寺知事は県政に臨む三つの基本姿勢を明らかにした後、今後、重点的に推進しようとする施策の基本的な考え方についても述べていた。それは全部で一〇あったが、着目すべきは二番目にあげられていたものだ。小寺知事はこんな熱弁を振るっていた。

「西洋のことわざに、〝神は田園をつくり給い、人は都市をつくりぬ〟という言葉があります。人間は道をつくり、街をつくり、産業を興し、文明を発展させてきましたが、我々は神がつくった偉大なる自然への畏敬の念をいつまでも失うことなく、自然とともに生きていかなければならないと考えます」

小寺知事は環境派知事のさきがけともいえる存在ではなかったか。また、小寺知事は重点施策に関する基本的な考え方の三番目に「社会資本の整備」をあげ、その中で「上流県、水源県としての責任も果たしていきたいと考えております」と述べていた。

「小寺知事の就任時の演説を今でも鮮明に覚えています。あの演説がその後の一六年間の小寺県政の出発点であり、全ての政策のまさに原点であったと思います」

感慨深そうにこう語るのは、小寺知事の右腕となって当時の群馬県政を支えた後藤新さんだ。自治省から群馬県に出向した後藤さんも小寺さんとよく似た道を歩むことになる。

広島出身の後藤さんは東大法学部を卒業後、一九八三年に自治省に入省。一九八八年に群馬県に出向し、地域振興課長となる。そのときの年齢は二八歳で、小寺さんが群馬県に出向した時と同じ年齢だ。後藤さんが県の地域振興課長に赴任した時、隣の課は八ッ場ダムを担当する水資源対策室だった。

後藤さんは地域振興課長を二年ほど務めると、出向キャリア官僚がたどる通常コースである財政課長に転じた。すでに四期目に入っていた清水一郎知事は、体調を著しく崩していた。そんな時期に財政課長として予算編成に汗を流した後藤さんは忘れられない強烈な体験をしていた。寝たきりになった知事の枕元で予算案を伝え、最後に「これでよろしいですか？」と声をかけたという。そして、頷く知事の反応を見て、了承を得たとして引き上げたのである。後藤さんはその時、「亡くなる直前まで権力の座にいてはならないな」と強く感じたという。

小寺知事が誕生すると、後藤さんはいつしか新知事の懐刀となっていった。それでも財政課長を務めた後、通例通りに自治省に戻るつもりだった。その時期がやってきたある日のことだ。小寺知事に呼ばれて知事室に入ると、いつもの丁寧な口調で「後藤さん、秘書課長をやってくれませんか」と切り出されたのだ。突然の要請に驚いた後藤さんは「財政課長を終えたら国に戻るのが、普通です」と答えると、小寺知事は「いや、戻らずに秘書課長になった人もいます」と切り返し、「半年だけでもいいですから、やってくれませんか」と繰り返したという。そうまで言われて断るわけにもいかず、後藤さんは二人目の変わり種若手自治官僚となったのである。

こうして後藤さんは秘書課長を二年半ほど務め、小寺知事の右腕となって動き回った。かつての上司について後藤さんはこう論評した。

「小寺知事は現場重視の人で、男気のある方でした。とても慎重な人で、群馬県の難しさを重々わかったうえで、慎重にものごとを進めていました。地方自治にこだわったいぶし銀のような存在でした」

後藤さんは一九九四年に自治省に戻り、財政局などを経て通産省に出向する。そして、一九九八年に再び群馬県に商工労働部長として赴任した。二期目の任期切れ間近の小寺知事からのご指名であった。後藤さんは霞が関を離れる際、自治省の上司に「必ず（自治省に）帰って来いよ」と言われたという。

側近が感じた環境派知事の苦悩

後藤新さんは秘書課長時代、小寺知事に同行して県内各地を訪れていた。その後藤さんが忘れえぬある思い出を語ってくれた。小寺知事と八ッ場ダム建設予定地を訪ねた時のことだ。車を降りて二人で歩いていたら、小寺知事が周辺の景色を見てポツリとこう漏らしたという。

「後藤さん、緑がきれいだよねー。年取るとね、植物でさえものすごく愛おしくなるんですよ。こうしたものが失われるって、どうなのかねー」

知事室では見せたことのない表情を目にした後藤さんは、その時、小寺さんの苦悩の一端を垣間見た思いがしたという。小寺知事は表面的には八ッ場ダム建設推進だったが、心の奥底では葛藤があったのではないか。国策としてダム事業が進められているなかで、地方がどんなに抗っても、結局は巨大な力に蹂躙されてしまう。国策には抗えないので、地元にとって少しでも良い解決策を自治の現場で探りたい。そんな思いを小寺知事は抱いていたのではないかと、後藤さんは語る。二期目まで順風だった小寺知事の歩みはその後、波乱に富んだものとなる。それはまた後藤さんも同様だった。

「小寺さんはある時点からご自分のカラーをはっきり出すようになりました。県民の声と議会の声が一致していないと強く感じるようになったのだと思います」

こう振り返るのは、小寺県政の後半から県幹部として奔走するようになった大塚克巳さんだ。生糸関連の試験場の技術職から小寺知事に抜擢され、企画課長や広報課長、さらには総務課長を歴任した異色の県職員であった。本庁勤務ではなく、出先機関のそれも技官の大塚さんがなぜ、県の中枢で仕事をするようになったのか。きっかけとなったのは、小寺知事との出会いにあった。県職員組合の幹部を務めていた大塚さんは、労使交渉の場で小寺知事としばしば対峙した。小寺知事はおそらく、本音でズバズバ切り込んでくる役人らしからぬ大塚さんの性格とその能力に着目したのであろう。自分の身近で仕事をさせたいと考え、異例の抜擢人事となったようだ。そんな大塚さんが本庁内で仕事を始めて間もない頃に体験した小寺知事とのエピソードを語ってくれた。

大塚さんがある事業の進捗状況をレポートにまとめて小寺知事に提出したところ、知事室に呼び出されたという。何事かと思いながら中に入ると、レポートを手にした小寺知事が大塚さんの前に立ち、厳しい表情で「あなたが書いたこの報告書に嘘はありませんか」と、詰問してきたのである。物凄い迫力で、少しのごまかしも許さないといった雰囲気だった。まさに図星であった。

大塚さんは直属の上司に気を使い、忖度し、事実をやや薄めて報告書をまとめていた。つまり、県庁組織にとって都合のよくない情報は盛り込まなかったのだ。それらを正直に認めると、小寺知事は「こういう嘘を書かれると、私が判断を間違えてしまうことになります。行政にはこういうことが多すぎます」と、ピシャリと釘を刺したのだった。

出先の畑違いの部署から県の中枢に登用された大塚さんは、いつしか小寺知事の特命を受けて県内を動く役回りを務めるようになった。県営倉渕ダムの事業もそのひとつだった。ある日、小寺知事に呼び出されてこんな指示を受けたという。

「大塚さん、倉渕に行って住民の皆さんの声を聞いてきて下さい。一人一人が何を思っているか、本音を集めてください。私が聞いても、皆さん、あれこれ忖度してしまって本音は語ってくれませんからね」

大塚さんは倉渕村や榛名町、高崎市などを歩き、住民や行政担当者などの本音を探って回った。そして、脚色することなく、小寺知事に報告していた。それは担当部署が知事にあげる報告とは違ったものとなっていた。

実は、大塚さんは八ッ場ダムの建設予定地の出身だった。そのため、大塚さんは小学生の時に学校の授業で「近いうちにダムができて周辺すべてが水没してしまう」と、何度も教えられていた。そんな辛い話を聞かされた時の衝撃を鮮明に記憶しているという。だが、大塚さんが成長し、社会人となり、さらに高齢となって公務から退いた後も、八ッ場ダムは完成しなかった（二〇二〇年に完成)。幼い時に何度も聞かされたあの言葉は一体、何だったのかという思いを持っているという。

そんな大塚さんが一度だけ、小寺さんに「八ッ場ダム計画はもはや時代に合わない。五〇年も六〇年も経って状況が変わっている」と、否定的な話をしたことがあった。そのときの小寺さんの反応は「そういうものではないでしょう。総理大臣が何人も出ている県の知事が軽々にものはいえません」というものだった。「小寺さんは八ッ場ダムについては『イエス』も『ノー』もいっていなかった」と、大塚さんは振り返る。小寺知事の側近として活動してきた大塚さんもその後、後藤さんと同様、波乱に富んだ道を歩むことになる。

県の公聴会でやらせ発覚

二〇〇二年八月三一日に「倉渕ダム建設凍結を求める県民会議」が発足し、反対運動は新たな段階に入った。民主党の中島政希さんらの新規参入により、地域内にうねりのようなものが広がっていった。当初から反対運動を牽引してきた「倉渕ダム研究会」の大塚一吉代表は「中島さんたちが加わったことで反対運動に参加しやすくなった人もたくさんいます。また、マスコミも記事をよく書くようになったと思います」と、ダム反対の間口が広がったことを指摘した。

そうした中で、県による新たな「烏川圏域河川整備計画」の策定が開始された。当然のことながら、県土木部は倉渕ダム建設を前提とした整備計画を策定し、国土交通省の認可を目指していた。整備計画策定の前段の行政手続きとして、住民の意見を聞く公聴会が一〇月に予定された。その告知が主催する県から九月に示されたが、どうにもおかしなものだった。公聴会の開催日時や会場、計画原案の閲覧場所と公述人の募集について記されていたが、肝心要のものが抜け落ちていた。最重要のテーマである倉渕ダムについて全く触れていなかったのである。このため、大塚さんらが「住民への案内としてはあまりに不親切だ」と、小寺知事宛てに抗議の意見書を提出した。

この指摘に対し、小寺知事は庁議の場で土木部を注意したうえで、改めてHPで告知するよう指示した。しかし、実際にHPで告知されたのは公述申し込みの期限が過ぎてからだった。担当の小林俊雄河川課長はマスコミの取材に「(倉渕ダムに触れるという)感覚がなかった。紙幅の都合もあるが、全ての事業を列記した方が親切だったかもしれない。意図的に隠そうとしたわけではない」と、弁明した。

公聴会は一〇月二四日に高崎市内で開催された。大塚さんや高階さんら七人が意見を述べたが、四人が建設反対、そして三人が建設賛成だった。しかし、賛成意見を述べた三人のうちの一人が県を慌てさせる発言をした。なんと「県に頼まれてきた」と、うっかり口を滑らせてしまったのである。会場内に失笑と怒号が交差した。

行政が公聴会などで従順な住民に自分たちに都合のよい発言をさせることは、なんら珍しくない。むしろ、そうしたやらせは行政のお家芸ともいえる。言わせる住民を選び間違えることなど、行政にとってあってはならない話である。その意味で群馬県土木部は不慣れだったともいえる。本番中にその当人にやらせ発言であることを公言されてしまっては、せっかくの公聴会もお笑いコントにしかならない。

それでも県土木部は粛々と倉渕ダム建設の行政手続きをこなしていった。公聴会で出された意見（やらせ意見も）を踏まえ、県河川整備計画審査会が開催された。審査会は学識経験者がメンバーとなっているが、「県にたのまれてきた」という点では公聴会でやらせ発言した住民とそう違わないのかもしれない。否、実際はやらせ住民とほぼ同じなのではないか。

審査会は一一月五日に開かれたが、一般住民への事前告知はおろか、公聴会に参加した公述人への通知もなされないまま極秘裏に行われた。しかも一回のみの開催だった。土木部側が二時間にもわたって延々と説明を続け、委員による審査はわずか一時間半で時間切れとなった。これには委員からも「わずかな時間で話合うことは難しい」といった意見が飛び出したが、土木部は意に介さなかった。疑問や異論を押し切るかたちで了承をとりつけ、審査会を閉じたのだった。行政主導の形骸化した審査会そのものと言わざるを得ない。

ダム建設の是非をめぐる議論がきちんとなされない状況が続き、業を煮やした住民グループがあるユニークな策を打ち出した。それは、倉渕ダム事業を再評価する民間委員会の設立である。二〇〇三年一月に「倉渕ダム再評価委員会」が作られ、地元のＮＰＯ法人「地域シンクタンク高崎国際センター」がその事務局となった。このＮＰＯ法人も前年秋に発足したばかりで、実質的な代表者は中島氏だった。中島さんらが呼び集めた再評価委員会のメンバーは、実に錚々たる人たちだった。東大名誉教授の宇沢弘文さんが委員長となり、河川工学の権威である新潟大学の大熊孝教授が委員長代理となった。そして、委員には水源開発問題全国連絡会の嶋津暉之代表や早稲田大学の多賀秀敏教授らが就任した。

再評価委員会のメンバーは倉渕ダム建設予定地を視察するなど、客観的、かつ専門的な視点で調査を開始した。その中心となったのが、嶋津暉之さんだった。嶋津さんは全国のダム問題に精通するこの道の第一人者で、『水問題原論』などの著書がある。できる限りダムによらない治水を訴え続け、国土交通省のダム官僚たちから最も敬遠され、かつ、最も恐れられているダム問題の専門家だ。そんな嶋津さんは群馬と不思議な縁があった。

嶋津さんが群馬と関わりをもったのは、一九六〇年代の後半からだ。当時、東大の大学院で都市工学を専攻していた嶋津さんは、群馬県内の八ッ場ダムや草木ダムの建設予定地を一人で数日間、訪ね歩き、地元の人たちと交流した。工業用水の合理的な利用技術を研究テーマとしていたことから、水利用の実態やダムがもたらす地域社会への影響に強い関心を持っていたからだ。

嶋津さんは一九七二年に大学院を出て、東京都公害局に入った後に東京都環境科学研究所に異動。そこで取り組んだのが、当時、深刻化していた地盤沈下対策だった。大学院で研究した節水技術の実用化に努め、様々な工場に節水指導した。その結果、地下水を大量に使用する自動車やビール製造などの大工場での水使用量が三分の一にまで減少した。節水技術の実用化に成功したのである。

東京都が生み出した節水技術、水使用合理化技術に建設省土木研究所も関心を示し、土木研究所として調査報告書を作成してそれを全国に配布した。その報告書の作成にも委員としてかかわった嶋津さんは、合理的な水使用が全国に広がることで、水源地に多大な負担をかけるダム事業の見直しにつながるものと期待した。

ところが、日本のダム行政は全く変わらなかった。ダムに依存する治水と利水を追求する強固な構造は微動だにしなかったのである。過去に立案された数多くのダム事業が、膨大な税金と時間を費やして継続されている。その代表的な事業が一九六〇年代に再浮上した八ッ場ダムだった。利根川の洪水調節と首都圏の水道と工業用水の水源開発などの多目的ダムで、水需要が増え続けることを大前提として計画された首都圏の新たな水がめだ。こうした八ッ場ダム事業に疑問を感じた嶋津さんは一九八四年に「東京の水を考える会」という市民団体を立ち上げた。そして、利根川下流域の住民として初めて八ッ場ダム計画に反対する狼煙を上げ、国策に真正面からぶつかる茨の道を突き進むことになったのである。

現職がダムを争点外しに出た高崎市長選

住民によって独自に組織された「倉渕ダム再評価委員会」は二〇〇三年二月九日、市民公聴会を開催した。倉渕ダム計画に異を唱える住民団体と事業主体の県土木部の双方を公述人として招き、委員らの前でそれぞれが意見を開陳したうえで議論してもらうというのが、会の狙いであったが、県土木部側は出席を拒否。双方による冷静な議論を期待した住民たちは落胆した。

一方、小寺知事は三月にダム本体工事の前工事となる「転流工」の着工延期を表明した。その理由について「計画があるから実行するだけというのでは、県民は納得しないだろう」と語った。高崎市長選が翌月に迫っており、それを意識したのであろう。

「中島政希さんから市長選への出馬を要請されましたが、当時は小児歯科が少なくて、たくさんの患者さんを診ていました。そうした患者さんのことを考えると、立候補なんてとてもできません」

こう語るのは、倉渕ダムに反対する県民会議の代表世話人の一人、武井謙司さんだ。高崎市内で小児歯科医院を経営する武井さんは、「市民の会」代表であり、中島後援会の幹部でもあった。

高崎市長選が四月に迫っていた。現職の松浦市長は小寺知事に早期建設の要望書を突き付けるなど、倉渕ダム建設推進派の中心人物。また、群馬政界を支配する自民党福田派の重鎮でもあった。高崎市内の隅々に後援会を張り巡らせ、強固な支持基盤を構築していた。その松浦市長がいち早く五選を目指すことを表明し、住民グループは決断を迫られていた。自前の市長候補を推し立てて選挙戦でダム反対を訴えるか、それとも、不戦敗の道をとるか。どう考えても圧倒的な力を持つ現職に勝てる見込みなどなかった。それでも主戦論が大勢を占め、武井さんに白羽の矢が立てられたが、本人が固辞。候補者選びは振り出しに戻った。このまま不戦敗かと思われた時、民主党群馬四区の公認候補だった中島政希氏が市長選への出馬を表明した。県民会議などからの立候補要請を受けてのことで、投票日のわずか五〇日前。中島氏は「ここで戦わないと建設黙認ということになりますから、あとには引けなかった」と、当時の心境を語った。中島さんは民主党を離党し、無所属となった。

保守的な地域で現職の市長に抗うことは、様々な軋轢を覚悟しなければならなかった。そうしたことも影響してか、ダム反対を掲げた四つの住民団体のメンバー全員が中島支持とはならなかった。反対運動の先鞭をつけた「高崎の水を考える会」のメンバーの中にはダム推進の中心人物である現職側に回る人もいた。その一人、高階ミチさんは「バックボーンを持たない中島さんではダムを止められないと思った。止めるには松浦さんを動かすしかなく、松浦さんには止める力があると思った」と、その理由を明かした。こうして高階さんらは以後、「県民会議」とは別行動をとるようになった。

現職の松浦陣営には自民党だけでなく、公明党と社民党、それに連合が加わり、そのうえ民主党群馬県連も馳せ参じた。独自候補を擁立しなかった共産党を除き、現職候補への事実上の政党オール相乗りとなった。高崎市長選は組織対非組織（個人）の戦いの様相となった。

ところが、高崎市長選は奇妙なものになった。倉渕ダムの見直しを掲げた第三の候補が突如、出現した。自民党元県議の佐藤国雄さんだ。佐藤元県議は一九八七年の高崎市長選に立候補して松浦幸雄氏に敗れ、政界から身を引いていた。一六年ぶりの再挑戦に驚く市民が多かった。こうして高崎市長選は五選を目指す横綱級の現職に新人二人が挑む、三つ巴の戦いとなった。

選挙の争点は次第に曖昧模糊となっていった。選挙直前に報道された事案が影響したのかもしれない。大塚さんたちが県職員を告発した倉渕ダム資料差し替え問題である。前橋地方検察庁はすでに職員二人を不起訴処分にしていたが、前橋検察審査会が「不起訴不当」と議決した。このニュースを告示前日の四月一九日に新聞各紙が大きく報じ、住民の倉渕ダム建設へのイメージはさらに悪化していた。ダムの中止や見直しを訴える新人らに対し、現職は口を濁すようになった。

選挙戦に突入すると、現職の松浦候補は「倉渕ダムは県の事業で、高崎市は積極的にダム建設を推進していない」との立場を表明するようになった。前年八月に榛名町と倉渕村の首長とともに小寺知事に直接、建設促進の要望書を手渡したにも関わらず、である。ダム推進は選挙に不利と判断したのか、争点外しに躍起となった。得意とする組織戦に徹したのである。一方、組織の支援なき闘いを続けていた中島候補の応援に駆け付けたのが、民主党の鳩山由紀夫衆議院議員らだった。

現職候補のなりふり構わぬ選挙戦術が奏功した。四月二七日の市長選で松浦氏は五万三五四五票を獲得し、五選を果たした。中島氏は三万七七〇四票で次点に泣き、佐藤氏は一万九四六九票にとどまった。しかし、落選した二人の得票数を合計すると、当選した松浦氏の得票を上回る五万七一七三票になった。

翌日四月二八日の記者会見で小寺知事は当選した松浦市長に痛烈な皮肉を浴びせた。選挙戦で倉渕ダムの必要性を訴えなかったことから「ダム建設については強い要望はなかったと判断せざるを得ない」と、述べたのである。

ダムに反対する住民グループは市長選に敗北したが、結果的にこの時の決起がその後の勝利を呼び込むことになった。つまり、負けて勝ったのである。大塚一吉さんは「大変な力を持った松浦市長と本気でケンカした中島さんを私は政治家として高く評価しています」と語った。市長選後、県民会議は発展的解消となり、新たに「群馬の自然を守るネットワーク」が結成された。ここには新しいメンバーのみならず、「高崎の水を考える会」の一部会員も個人として加わった。

選挙戦をうまく切り抜けて五選をはたした高崎市の松浦市長はその見返りとして、倉渕ダム建設に関する発言力を喪失した。さすがに再度、前言を翻すような破廉恥なことはできないからだ。

群馬県内の市町村長は夏になると、来年度の県予算についての要望書を知事に直接、提出していた。松浦市長は選挙後の八月五日、群馬県庁で小寺知事に高崎市としての要望書を提出した。その要望書の中からこれまで記載されていたあるものがそっくり消えていた。「倉渕ダム建設促進」の項目である。それに気付いた小寺知事が「倉渕ダムについてはどうしましたか」と問いかけたことから、二人の間で意味深なやり取りが続いた。

小寺知事の質問に松浦市長が「それは県の事業で、市が要望してやるものではありません」と答えると、知事は表情ひとつ変えずに、市長の痛いところを突いた。「昨年の夏には、榛名町と倉渕村と一緒に建設促進の強い要望がありましたが……」。これに対し、松浦市長は「頼まれたから（私は）同席しただけでして、私は（建設促進とは）一言も言っていません」と苦しい言い訳を口にした。すると知事は「地元が熱心に要望していると受け取っていましたが、違うのですか」と、驚いたような表情をしてみせたのだった。地味でいぶし銀のような小寺知事は、意外にも、こうしたお茶目な面も持っていた。

小寺知事はもちろん、すべてお見通しだった。側近の大塚克巳さんにすでに現地の本音を探らせており、逐一、報告を受けていた。また、「倉渕ダム研究会」の大塚一吉さんや「烏川を大事にする会」の田島三夫さん、さらには「国土研」や「倉渕ダム再評価委員会」などがまとめた一連の報告書や公開質問状、意見書や要望書にもしっかり目を通していた。小寺知事は県土木部や地元自治体の説明を鵜呑みにしていなかった。むしろ、県土木部の説明がいい加減であることに怒りさえ覚えていたようだった。例えば、県土木部は建設予定地に絶滅危惧種のイヌワシが生息していることを知事にひた隠しした。その事実を知った住民団体が知事あてにイヌワシの調査を要望し、知事の知るところとなった。この一件がきっかけとなり、倉渕村にダムに反対する「倉渕つばさの会」（山際義隆代表）という新たな住民団体が誕生した。二〇〇三年二月のことだ。これで、計五団体となった。

「地元の人はそもそも高崎駅の東口まで大量の水が溜まるような洪水なんて、起こるはずがないと思っています。そんなの嘘だと。それにあんな山奥にダムを作っても水は貯まらないので、意味はないと。それから倉渕の人たちは付け替え道路ができたので、ダムができなくても別にいいんです」

当時、知事の特命により地元の本音を集めて回った大塚克巳さんはこう振り返った。

ガチンコ公開討論会で県が住民側に完敗

ダム建設にこだわる県土木部の劣勢はもはや明らかだった。そうした中で老舗の住民団体である「高崎の水を考える会」が、県土木部に公開討論会の開催を持ち掛けた。県土木部はくみしやすい相手と見たのか、これに応じる姿勢をみせた。その意外な反応に「倉渕ダム研究会」など他の四団体は不安と焦りを感じ、自分たちと討論会を開催するように知事宛てに要請書を提出した。

結局、県土木部は「高崎の水を考える会」ではなく、手強い大塚さんら四団体と公開討論会を開くことになった。小寺知事の意向によるものではないかとみられた。思わぬ展開に大慌てしたのが、県土木部だった。四団体と公開討論会の打ち合わせに臨んだが、嫌々なのがありありだった。それも当然であった。四団体の窓口役は大塚一吉さんで、いわば県土木部の天敵。しかも、担当の河川課長は彼に刑事告発された小林俊雄氏で、互いに顔も見たくない関係になっていたといってよい。

公開討論会の開催にあたり、最大のネックとなったのが誰をコーディネーター役にするかという点だった。今回は行政お得意の台本ありきのやらせの討論会ではなく、県土木部と住民団体がガチンコで意見をたたかわす真の討論会である。中立の立場でうまく双方の意見をさばき、中身ある議論を導き出せる力量が何よりも求められる。それには治水利水の専門分野についての見識も不可欠となる。コーディネーターの進め方・力量次第で、討論の流れは大きく変わってしまうといっても過言ではなかった。

コーディネーターの人選はスムーズにいかなかった。それで、県土木部と住民団体の双方がそれぞれ候補者を探し出し、そのなかから一人に絞り込むという妥協案が浮上した。かくして大塚さんの候補者探しが始まった。

大塚さんには適任だと思う人が複数いた。真っ先に浮かんだのが、小寺知事のブレーンと目されていた県内在住の著名な哲学者だった。大塚さんは面識のないその方に電話を入れ、「中立の立場でコーディネーターをやっていただけませんでしょうか」と、単刀直入にお願いした。しかし、返ってきた答えは「中立なんてありえません。中立を求めるのなら、ヨーロッパのコンサルタントに頼めばいいのではないでしょうか」というものだった。あっさり断られてしまったのである。やむなく群馬大学の教授に打診してみたが、こちらもダメ。別の群大教授にもあたってみたが、これまた固辞。別の大学の教授にも持ち掛けてみたものの答えはやはりノー。大塚さんは、誰もが県に気兼ねをしているように感じたという。

困り果てた大塚さんはある人物を思い出した。要請文を手渡すために研究室を訪ねて話をしたことのある、群馬大学工学部の小葉竹重機《こばたけしげき》教授だった。県の河川整備審議会の会長である。そう、前年（二〇〇二年）一一月に倉渕ダムを柱とする県の烏川圏域河川整備計画を非公開の会合であっさり了承した、あの河川整備審議会のトップである。大塚さんは審議会が了承との結論を下した直後、「烏川を大事にする会」の田島三夫さんとともに倉渕ダムの資料を携えて小葉竹教授を訪ね、「専門家として公正な検討と判断をしてください」との要請を行っていた。

大塚さんがコーディネーター候補として小葉竹教授の名前を口にすると、県の担当者は頬を緩めた。そして、二つ返事で大塚さんの提案を了承した。小葉竹教授との連絡役はもちろん、付き合いの深い県土木部が引き受けることになった。こうして小葉竹教授をコーディネーターとする公開討論会の開催が正式決定した。

ところが、この人選を知ったダム反対派たちからブーイングの声が巻き起こった。「なんであんな御用学者を進行役にするんだ。トンデモナイ話だ」「いくらなんでも小葉竹さんはないだろう」といった声が、直接、大塚さんの元に寄せられた。それも無理からぬ反応といえた。ダム反対派からすれば、小葉竹教授は県の河川行政に長年、寄り添ってきたいわば「御用学者」の代表格にしか思えなかったからだ。大塚さんは彼らから県を喜ばす利敵行為ではないかと、厳しい批判を浴びることになった。

それでも、大塚さんは自分の判断に迷いや揺らぎはなかった。それは、小葉竹教授に面会した時に受けた印象が鮮明に残っていたからだ。小葉竹教授は要請書と資料をもって研究室に現れた大塚さんらを快く、招き入れた。そして、じっくり話に耳を傾けた後、こんな本音を大塚さんらに語ったという。「（倉渕ダムに）問題があるのはわかっていますが、ここまできたダム計画を止める訳にはいかない。皆さんの運動も盛り上がっていないし、ゴーサインを出さざるを得なかった。（ダム反対の）運動がもっと盛り上がれば、私も力になれると思います」

小葉竹教授はこう語ると、大塚さんらをエレベーターまで丁重に見送ったという。「御用学者」と揶揄されていた大学教授の思いもしなかった対応に大塚さんは驚いた。そして、その言葉に偽りはないと直感したのだった。

行政と住民団体の共催による異例の公開討論会は、住民団体側二人と県土木部側二人の計四人で実施されることになった。難航したコーディネーター役も小葉竹教授と決まり、あとは日程調整を残すのみ。ここまでくればあとは順調に進むかと思われたが、やはり、そうはならなかった。なんと県土木部が小葉竹教授への連絡をサボタージュし、日程決定はなかなか決まらずにいたのである。

県との窓口役である大塚さんが電話で開催日程の提案を県に伝え、その返答を待つことになった。翌日、改めて電話を入れたところ、担当の河川課次長は「小葉竹教授と連絡が取れていないので、週末までまってくれ」とのこと。ところが、その週の金曜日になっても県から連絡は入らず、なしの礫。やむなく大塚さんが午後六時すぎに河川課次長に電話すると「小葉竹教授とまだ連絡が取れないので、返事を来週まで延ばしたい」という。あり得ない話だと思った大塚さんは、すぐに小葉竹教授の研究室に電話を入れてみた。すると、受話器の先から本人の声が聞こえ、その場で簡単に日程の回答を得ることができた。大塚さんは直ちに河川課の次長に電話し、すぐに小葉竹教授に連絡するように伝えたのだった。ところが、次長は「（来週の）月曜日に課長に相談してから（小葉竹教授に）連絡したい」と、寝ぼけたようなことをいうのだった。開催日の決定の先延ばしを図っていることが明白だった。

県土木部の不誠実な対応に怒りを覚えた大塚さんらは黙ってはいなかった。月曜日に県庁に乗り込むと、小寺知事宛てに「河川課の不誠実な対応に対する適切な指導の要望」と題した文書を提出した。そこには、経過の細かな説明と「不誠実極まりない河川課の姿勢は極めて遺憾であり、知事からの河川課長への適切な指導を要望します」との文言が明記されていた。

倉渕ダムに関する公開討論会は二〇〇三年八月九日に開催された。初回のこの日は、住民団体側と行政側が治水について議論することになっていた。やらせや台本なしのガチンコ真剣勝負で、おそらく群馬県政史上初の試みであった。会場となった高崎商工会議所ビルにたくさんの住民が詰めかけ、三〇〇人収容のホールに立ち見が出るほどの盛況となった。誰もが固唾をのんで開会の時を待った。聴衆者には双方が用意した資料が配布されていた。

この日の討論会の出席者は、住民団体側が新潟大学の大熊孝教授と水源開発問題全国連絡会の嶋津暉之代表。これに対し、県側は河川課の小林俊雄課長と同じく河川課ダムグループの荒井唯リーダーが登壇した。そして、コーディネーターは群大工学部の小葉竹重機教授。午後一時半に

2003年8月県と住民4団体の公開討論会、あいさつをする大塚一吉さん

ゴングが鳴り、試合開始となった。まず双方の司会者の挨拶から始まった。住民側は「市民の会」の武井謙司代表、県側は河川課の佐々木義行次長が務め、この順番でマイクを握った。さらに、主催者を代表して「倉渕ダム研究会」の大塚一吉代表と県河川課の小林俊雄課長が順番に挨拶した。

公開討論は五つの論点ごとに展開された。「基本高水流量の設定」と「国の治水計画との整合性」、「倉渕ダムの洪水削減効果」と「治水代替案」、それに「費用対効果」についてである。論点ごとに住民側が問題提起を行い、それに対して行政側が回答したうえで、双方が議論を深めるという進め方となった。

議論を重ねるうちにある事実が明白となった。それは、県側が基本高水流量を実積データに基づいて弾き出したものではないということだった。住民側討論者の嶋津暉之さんがその事実を指摘し、「県は洪水基準点の観測流量データをもっていない。机上の計算だけでダムの必要性を示しているにすぎない」と、喝破した。そして、そもそも県の設定した基本高水流量が過大であり、しかも、その過大な基本高水流量を前提にしても河川改修で十分対応できると主張した。さらに住民側討論者の大熊孝教授が「データをそろえて計画をたてるべきだ」と指摘した。

こうした説得力ある住民側の発言に県側は防戦一方となり、従来の説明を繰り返すばかりであった。そのためコーディネーターが「計画の根拠を示すべきだ」と県側に苦言を呈する場面もあった。初めての公開討論会は三時間にも及んだ。その間、休憩時間は一度もなく、会場に詰め掛けた住民は皆、壇上で繰り広げられる議論に集中し続けた。討論が進めば進むほど、倉渕ダム計画の杜撰さが浮き彫りになっていった。どちらに理があるかは、もはや、誰の目にも明らかとなった。住民側が県側の主張をものの見事に論破したのである。住民側の討論者として参加した嶋津さんはこう語った。

「小葉竹教授とは面識がありませんので、御用学者だと思っていました。向こうも私のことを知らなかったと思います。それでお互い疑心暗鬼だったように思います。ところが、こちらが説明していくうちに表情が変わりました。しっかり耳を傾けてくれまして、県にきちんと説明するよう求めるなど、中立の立場できちんと討論会を進めてくれました」

公開討論会は次回、「利水」と「環境」をテーマに開かれる予定となっていた。

こうして第一回目の公開討論会はお開きとなった。しかし、次回の日取りが発表されることはなかった。県からの説明がなされぬまま初回で打ち切りとなってしまったからだ。

公開討論会の後、倉渕ダム建設に執着する県土木部がひた隠しにしていた重大事実が新たに発覚した。それはダム建設の根拠を根底から覆す、土木部にとって不都合極まりない事実であった。土木部にとって部外者に決して知られてはならない隠し事を、なんと、一番、知られてはならない人物に嗅ぎつかれてしまったのである。そう、「倉渕ダム研究会」の大塚さんらである。これが倉渕ダム計画に止めを刺すことにつながった。

県土木部は倉渕ダムの費用対効果を一・三七と弾いていた。ダムをつくることによって防ぐことができる洪水被害額が、建設コストなどを上回るとの主張である。県土木部はダムがない場合に発生する洪水エリアを六カ所想定していた。そうした洪水想定エリアを改めて丹念にみて回った大塚さんが妙なことに気付いた。高崎市内の北久保町と下豊岡町である。堤防のない地域なので、大塚さんもダムがつくられなければ県の想定通りに水が溢れ出るエリアだと考えていた。

ところが、大塚さんが改めて現地調査してみたところ、そのエリアに確かに堤防はないものの信越線の線路が走っていた。その線路は高い土手（盛り土）の上に作られていた。土手の高さは烏川の堤防と同じで、もちろん、隙間なく連続している。幅も約三〇メートルで、その上を電車が走るので当然のことながら強固であった。つまり、鉄道の土手（盛り土）が実質的に堤防となっており、ダムがつくられなくても烏川の水がここから外へ溢れ出ることは考えにくかった。にもかかわらず、県土木部はそうした事実を無視して、ダムによる治水効果を算定していたのである。大塚さんが改めてこのエリアの洪水被害想定額を除いて倉渕ダムの費用対効果を算出したところ、その数値はわずか〇・一九でしかなかった。

このため、大塚さんらは小寺知事宛てに公開質問状と倉渕ダム中止を求める意見書を提出した。二〇〇三年一一月一四日のことだ。これで完全に「勝負あった」となった。大塚さんはこう振り返った。

「小寺知事は私たちの意見書を読んだ後、どうやら一人で現地を確認して回ったようです。部下やマスコミなどを引き連れて現地視察しないところが、いかにも小寺さんらしいなと思いました」

倉渕ダム凍結に推進派は沈黙

公開質問状が提出されて三週間が経過した一二月三日、小寺知事は県議会で倉渕ダムの建設凍結を表明した。倉渕ダムに関する一般質問に対し「本体工事に着手すると、数年間で二百数十億円投資することになる。現在の財政状況を考慮するとなかなか難しい」と説明し、「来年度より当分の間、本体工事と残工事への着手を見合わせる」ことを明らかにした。また、小寺知事は凍結の理由として、治水、利水の両面ともにダム建設の緊急性が低いことなどを指摘した。そして、これまで県がダムの必要性の根拠として示してきた調査結果やデータなどについて「いろいろな

（住民団体などが作成した）調査資料などを見る限りでは、（予定通り建設を続けるという）それまでの説得力は出てきていない」と語り、「このままで必要なければ着手しない」と明言した。そして、「私の判断は二〇〇万県民の民意の最大公約数の判断ではないか」と語った。建設凍結が表明された時点で、倉渕ダム事業は総事業費四〇〇億円のうち一六〇億円が執行済みとなっており、付け替え県道が完成していた。

小寺知事による倉渕ダムの建設凍結宣言に対し、高崎市は県が事業主体であるとして了承し、松浦市長の「市の水利権の確保については確約をお願いしていく」とのコメントを発表した。一方、倉渕ダム建設に反対する四つの住民団体でつくる「群馬の自然を守るネットワーク」は、「財政面、環境面からも公共事業のあり方が問われている今、知事の凍結の決定を評価する」とのコメントを出した。また、県内で進行中の国の直轄事業、八ッ場ダムに反対している「八ッ場ダムを考える会」の関係者は、「知事の大英断に大きな拍手を送りたい。倉渕ダムに増して意味のない、八ッ場ダムの中止に向けて弾みをつけたい」と、メディアの取材に答えていた。

こうして倉渕ダムの建設は凍結となった。大塚さんや高階さんらが反対運動を始めてわずか二年半後の出来事だった。反対運動を担った四つの住民団体の代表者にそれぞれ話を聞いてみた。まずは「倉渕ダム研究会」の大塚一吉さんだ。まったくの偶然なのだが、小寺知事が凍結宣言した一二月三日は大塚さんの五〇歳の誕生日であった。

「ダムの反対運動はどうしても特定の人たちだけになってしまいがちですが、倉渕の場合、いろんな人たちも取り込んでやれました。それが大きかったと思います。私たちは中島さんたちとも力を合わせて、（高崎市長選という）政治的なところまで踏み込みました。小寺さんにすれば、中止しやすくなったのではないでしょうか。それから、県が住民運動への対応に不慣れだったことも大きかったと思います。途中、苦しいことや嫌な目に散々遭いましたが、我々は皆、大きな達成感をもっています」

続いて反対運動の先駆けを担い、身銭を切ってまで調査活動を支えた「高崎の水を考える会」の高階ミチさんだ。高崎市長選で現職陣営に回った高階さんらのグループは、ダムに反対する他の住民団体と距離ができていた。また、高階さんは「群馬の自然を守るネットワーク」に加わらなかった。本人は参加を希望したもののネットワークの運営委員の総意で断られたのである。高階さんはこんな感想を漏らしていた。

「女なんかに何ができるんだとバカにされたりもしました。でも、反対するためだけの活動ではなく、勝つことのみを考えていました。それには現場をよく知らなければいけないと思い、現場を熟知する仲間づくりに力を入れました。それに、ダム反対と大きな声で叫んでいたら人は集まらないと思い、ダムについて一緒に考えましょうというのを全面に掲げました。途中から〝裏切者だ〟とか言われたりもしましたが、バックボーンがなかったら、ダムをストップなんてできません。そういう力を持った人を動かせるかどうかだと思います」

三人目は、大塚さんらと一緒に県職員を告発した「烏川を大事にする会」の田島三夫さんだ。

意見の相違により大塚さんと高階さんの仲が微妙になる中、二人の間を取り持っていた田島さんはこう振り返った。

「我々は地元のことをよく知っていました。かたやダムを推進していた方は地元のことを知らない人たちでした。我々の運動の前提として（長野県の田中知事による）〝脱ダム宣言〟がありました。これで知事が方向性を変えられることを知ったのです。それで小寺知事にメッセージを送ることを意識しました。小寺さんだから凍結になったと思っています」

また、田島さんはこんな含蓄ある言葉を述べていた。県職員二人を刑事告発した一件についてである。検察審査会で不起訴不当の議決が出されたが、最終的に県職員二人は不起訴となった。こうした結果について田島さんは「私は不起訴に終わってむしろ良かったと思いました。職員を血祭りにあげたら、トンデモナイことになってしまうと思ったからです。県の職員が悪者となったら、小寺知事はかえって動けなくなっていたと思います」

最後は「倉渕ダム建設凍結をめざす市民の会」の武井謙司さんだ。こんな興味深いことを語ってくれた。「訴訟を起こしてダム建設の不当性を訴えたらという話が何度も出ましたが、訴訟を起こしたら我々の手から離れてしまいます。禍根を残すことなく、うまく軟着陸させるべきとの意見が多数を占め裁判はなしとなりました。声の大きな人や一部の運動家が中心になる運動にはならないように気をつけました。それから、住民運動が選挙に利用されないように注意もしました」

冷静な武井さんはこんな総括をしていた。

「地元の住民がどう動くかがなによりも大事だと思います。倉渕は特殊で、しかも幸運なことがいくつかありました。地域の（ダム絡みの）利権が少なかった。ダム予定地は県有林ばかりで、移転も水没もありません。誰もいないところなので、県は黙って作ってしまえばわからないと思っていたのではないですか。予定地は高崎からも遠いですし。県は大塚さんたちが問題点を突いてくるなんて想定もしていなかったのだと思います。県も（反対住民への）対応に慣れていませんで、おそらく、住民に直接、対応するのは倉渕が初めてだったのではないでしょうか」

実は、烏川にダムを造る構想は倉渕ダム計画が初めてではなかったという。倉渕ダム事業は清水一郎知事時代の一九八〇年度にスタートしたものだが、それ以前に県は一度、ダム計画を立案したことがあった。それは倉渕ダムの建設予定地よりも下流部で、人家や民有地のあるエリアだった。

つまり、水没家屋などが生じるダム計画であった。ところが、この構想が住民の知るところとなり猛反対を受け、県は早々に計画を引っ込めたという。そして、誰も住んでいない場所ならばよいだろうと考えたのだろう。県はより上流部でのダム建設を立案し、実行に移した。それが倉渕ダム事業だった。最初から安直で杜撰な計画だったのである。造ることが目的としか言いようのないものだからだ。それでも県職員にすれば、すでに出来上がっている計画を黙って推進するのが当然となる。そうした習性を身にまとった県職員が、モノ言う住民の対応におたおたし、間抜けなことばかり仕出かしたのだった。

ダムなしでの治水利水策を実施

本体工事の着工直前まで進んだダム事業がストップするのは、きわめて珍しかった。倉渕ダムの場合はその止まり方も稀有であった。住民の反対運動により問題点が表面化し、地域住民の関心事となったこと。地域の政治課題となり、首長選の争点のひとつとなったこと。行政と住民が対等の立場で、公開の場での討論に臨んだこと。そして、住民側が治水・利水の具体的な代替え案を県や市に提言した。そうしたプロセスを丁寧に積み重ねた末に、事業主体の県のトップが議会の場で凍結を宣言したこと。そして、凍結宣言後に混乱が少しも生じなかったことなどだ。推進派県議などが猛反発することもなかった。

倉渕ダムの事業主体は群馬県で、治水利水の多目的ダムだった。ダムが造られる予定だった烏川は、倉渕村（当時・現在高崎市）と榛名町（同上）、高崎市を流れる六一・八キロの一級河川で、ダムによる治水利水の受益を得る地元住民は倉渕村民と榛名町民、それに高崎市民であった。これらの地元住民はダムによる受益を得るだけでなく、税金としてダムの建設費などを負担し、さらに、水道料金としてもダムの建設費や維持管理費を負担することになっていた。ダム事業における地元住民というのは、ダム建設地の水没や移転住民だけではなく、受益と負担の双方に関わる下流域の住民も含まれるはずだ。ダム本体との距離は関係なく、流域全体と捉えるべきなのだ。

二〇〇三年一二月に凍結された倉渕ダムが正式に建設中止となったのは、約七年後の二〇一〇年三月だった。「コンクリートから人へ」を公約に掲げた民主党が政権交代を果たしたあの頃である。

ところで、利水と治水の目的で計画された倉渕ダムが中止となり、地域に支障はないのだろうかと疑問に思う人もいるはずだ。しかし、心配はご無用。例えば、利水面はこうだった。計画では高崎市で新たに日量六万三三三〇トンの水需要が生まれるので、それに対応するために倉渕ダムが必要とされた。ところが、高崎市が水需要の見直しを行った結果、新規必要量は計画時の三分一の日量二万一〇〇〇トンに縮小された。文字通り、水の需要予測が大幅に水増しされていたのである。しかも、高崎市はダム以外の水源による水利権の取得が可能となっており、二〇一一年八月に正式に日量二万一〇〇〇トン分の水利権を取得した。これで利水面での問題は完全に解消した。治水面では、ダムと併せて整備を予定していた河川改修を優先的に行うことで、これまた一件落着。倉渕ダムは不要なダムだったことが実証された。県土木部は倉渕ダムの必要性を偽装するため、利水治水の課題を水増ししていたと言わざるを得ない。

こうしたダム事業の必要性をでっち上げる行為は、何も群馬県に限らない。全国各地のダム計画の多くが様々な数値をごまかし、事業の正当性を偽装してのものといっても過言ではないだろう。もちろん、国直轄のダム事業も同様である。いや、偽装の大きさや狡猾さの点では国直轄事業のほうが数段、上である。その代表事例が八ッ場ダム計画ではなかったか。

倉渕ダムが正式に中止となった二〇一〇年の一一月一七日に高崎市内で「倉渕ダムの中止を祝う会」が開かれた。祝う会を主催したのは「群馬の自然を守るネットワーク」で、大塚さんが中心となって企画した。会場となった高崎駅東口の労使会館に大塚さんや田島さん、中島さん、武井さんらが笑顔で勢ぞろいした。祝う会には倉渕ダム中止に尽力した地元外の関係者も招かれ、梓澤弁護士やスクープ記事を放った朝日新聞の本田記者たちも参加した。民間再評価委員会のメンバーで、公開討論会で県側を論破した新潟大学の大熊孝教授も声を掛けられたが、あいにくヨーロッパ旅行とかち合ってしまい欠席となった。また、水源開発問題全国連絡会の嶋津暉之代表も招かれたが、こちらも時間がとれず不参加。嶋津さんはこんなコメントを寄せた。

「お招きいただきましたが、『八ッ場あしたの会』主催のシンポジウムと重なったため、参加することができません。まことに申し訳ありません。倉渕ダムの中止が正式にきまり、本当によかったです。（略）倉渕ダム中止のために取り組まれた皆様のご努力に深く敬意を表します。（略）一方、群馬県では八ッ場ダム事業の行く末が大きな社会問題になっています。（略）倉渕ダムの中止を勝ち取られた皆様が八ッ場ダム問題にも関心を持たれ、その中止と地元の再生を求める運動にご助力くださることを強くお願いいたします」

高崎市内で祝賀会が開かれた一カ月ほど後の二〇一〇年一二月二一日、都内の病院である人物が死去した。倉渕ダムと八ッ場ダムの双方に深い関わりを持った群馬県の小寺弘之前知事である。享年七〇歳。

第二章　国策ダムに翻弄される住民と地方自治

中止撤回により始められた八ッ場ダムの本体工事（2016 年 12 月 19 日、著者撮影）

敗戦直後に策定された巨大ダム計画

八ッ場ダムの構想が最初に持ち上がったのは、敗戦直後の一九五二年。戦後復興期という時代の要請に応える公共事業のひとつで、社会インフラの整備の一環であった。計画を立案したのは、当時の経済安定本部だった。

経済安定本部は一九四九年に利根川を始めとする全国主要一〇水系に「河川改修改定計画」を策定し、多目的ダムの建設を推進した。このうち利根川水系では九つのダム計画が策定され、そのなかの一つが八ッ場ダムである。利根川の洪水調節（治水）と関東地方一都四県（東京都、群馬県、埼玉県、千葉県、茨城県）の利水（水道水など）を主な目的とする多目的ダムで、事業主体は国。つまり、戦後復興期における国策であった。治水のみの栃木県を含めると、八ッ場ダム事業に関わるのは一都五県となる。

八ッ場ダムの総事業費は当初（一九七〇年）一〇〇〇億円とされた。建設予定地は群馬県の北西部、吾妻郡長野原町の八ッ場地区で、利根川の支流である吾妻川の上流部にあたる。そこに堤高一三一メートル、堤長三三六メートル、総貯水量一億七五〇〇万立方メートルの重力式ダムを建設するという計画だった。「カスリーン（一九四七年）による大被害をうけ、利根川上流にダムを築いて洪水調節を行い、下流部の洪水被害の軽減を図るための治水事業の一環として計画されました。また、年々増え続ける首都圏の人口と、それに伴う水の使用量の増大を支えるための水資源開発も大きな目的です」（国土交通省の八ッ場ダムＨＰ）

当時は戦後復興と高度経済成長という時代の要請もあり、全国でダム建設が急ピッチで進んだ。ダムは水没地域の住民以外にとって、未来を切り開くためのなくてはならない巨大装置と考えられた。迷惑施設との認識は、水没する建設地の住民たちだけだった。ダムの有用性を誰も信じて疑わなかった時代であった。

利根川水系九つのダム計画も二つを除いて、工事は順調に進んだ。藤原ダム（一九五八年完成・以下同）、相俣ダム（五九年）、五十里ダム（六一年）、薗原ダム（六五年）、川俣ダム（六六年）、矢木沢ダム（六七年）と完成し、一九六八年に完成した下久保ダムが最後となった。残り二つのうち、岩本ダムは計画があまりにも巨大すぎて構想段階で立ち消えとなった。そしてもう一つ、八ッ場ダムは固有の難題を抱え、にっちもさっちもいかなくなっていた。

それは、吾妻川の特異な水質だった。吾妻川は酸性の強い水質で、魚も棲めない「死の川」であった。利水に適さないばかりか、橋梁などの構造物への影響が懸念された。つまり、ダムを造るべき場所ではなかったのである。通常人ならば、悪条件を考慮して計画を引っ込める判断を下したはずだ。なにしろ吾妻川に注ぎ込むのは草津白根山からの水で、草津の硫黄などの温泉成分が川に流れ込んでいるのと同様であった。こうして八ッ場ダム計画はいったん中止となった。

民間の事業であったならば、そのまま計画は水没となったはずだ。しかし、国と群馬県は八ッ場ダムを建設するために、なんと吾妻川の水質を変えることを発案する。利水に適さない酸性の水を中和すればよいと考えたのである。もともと吾妻川の酸性水による水田などへの被害が問題になっていたが、資金の工面がつかず、手つかずとなっていた。一石二鳥と考えたのだろう。

こうして国と県はダム予定地の上流部に工場を建設し、石灰を大量に投与することで吾妻川の水を中和する試みに出た。そして、中和した川の水を新たに建設するダムにいったん貯め、そこからさらに下流部へ流すという中和システムを開発した。その中和事業用のダム（品木ダム）が一九六五年に完成したことから、国は八ッ場ダム構想を復活させた。

しかし、すでに時代は大きく変わり始めていた。利根川水系の他のダムはほぼ完成しており、八ッ場ダムの必要性への疑義は膨らむ一方だった。ダム建設予定地の長野原町では、最初に構想が浮上した一九五二年の時も反対運動が展開された。ムシロ旗が町内に林立し、反対の声が轟いた。ダム計画が再浮上した一九六五年も同様で、水没予定地区の住民らが「八ッ場ダム反対期成同盟」を結成し、前回以上の激しい反対運動を開始した。

八ッ場ダム事業には酸性水の中和以外にも大きな課題が横たわっていた。ダムにより水没してしまう戸数が三四〇戸にものぼり、他のダムと比べてずっと多かった点である。その分、生活再建や補償に要する金額は膨らんでしまう。そこに中和工場や品木ダムなどの建設コストがプラスされ、さらには国道やＪＲの付替えなどたくさんの関連事業を必要とした。そこに事業スタートの遅れと激しい反対運動も加わり、事業費がみるみる肥大化していくという負のスパイラルに陥

八ッ場ダムがつくられる前の水没予定地（2014 年 12 月 18 日、渡辺洋子さん撮影）

っていた。

　ダム建設にこだわる国に追い打ちを掛ける事態も加わった。ダム推進派だった長野原町の町長が病に倒れ、六選出馬を断念せざるを得なくなったのだ。町長派の議員が後継に名乗りをあげ、そのまま無投票当選かと思われた直後だった。「八ッ場ダム反対期成同盟」の樋田富次郎委員長が急遽、出馬を表明し、一騎打ちとなった。そして、大番狂わせの結果が出た。一九七四年四月のことである。予想外の結果に地元紙は「八ッ場ダム建設は断念か？」との見出しを打った。翌七五年の町議選でもダム反対派が一五議席を押さえ、賛成派は七議席にとどまった。ダム反対運動は勢いづいた。

　だが、それでも国は計画を断念せず、逆に、反対住民への切り崩し工作を活発化させていった。群馬県もその一翼を担った。国と県による執拗な説得・懐柔・籠絡工作により、地元の反対住民は次第に三派に割れていった。ダム反対派と条件付き賛成派、それに賛成派である。切り崩し工作は町にも及んだ。ダムに反対する樋田町政に対し、国や県からの補助金交付が縮減されていった。兵糧攻めである。

実は、長野原町などの地域の政治勢力もこの三つに大別された。衆議院の中選挙区時代、長野原町は高崎市などの群馬三区に入っていた。議員定数四の群馬三区は、福田赳夫、中曽根康弘、小渕恵三といった総理大臣を輩出した全国屈指の著名な選挙区であった。

なかでも派閥の領袖同士で宿命のライバルともいえた福田氏と中曽根氏は、「上州戦争」と呼ばれる激しい選挙戦を繰り広げていた。二人の超大物政治家は国政のみならず、県下でも自派を構えて凌ぎ合っていた。このうち県内最大勢力の福田派は、県議会においても常に多数を占め、八ッ場ダムに関しては一貫して推進の立場をとっていた。群馬県の神田坤六知事が八ッ場ダムに消極的なことに怒り、一九七六年夏の県知事選で県知事を清水一郎氏に差し替えたといわれるほどだ。その年一二月に福田内閣が誕生している。

こうした福田派に対抗する政治的な判断からなのか、中曽根派はダムに対して慎重な姿勢をとっていた。一方、選挙区内の革新勢力はダム反対を唱えていた。のちに社会党の書記長となる山口鶴男氏である。

国や県の切り崩し工作が激しくなる中で、ダムに反対する「八ッ場ダム反対期成同盟」も一枚岩ではなくなっていった。県との協調を図る「協調派」と反対を貫く「強硬派」に二分していったのである。「協調派」の代表格は地元・川原湯温泉で旅館を経営する高山要吉氏で、彼を説得したのが当時の県秘書課長・小寺弘之氏であった。小寺氏を信頼した高山氏が期成同盟の情報を密かに彼に伝えるなどし、水面下で県との合意づくりに動いていたといわれている。

こうして一九八五年に長野原町長と群馬県知事が生活再建案の覚書を締結し、地元は八ッ場ダム容認に踏み切ったのである。一九七四年の町長就任以来、国と県に対峙し続けた樋田町長も力及ばず、屈せざるを得なくなったのである。なお樋田氏は町長を四期務め、一九九〇年に引退した。

国は一九八六年三月に八ッ場ダムを「水源地域対策特別措置法」に基づく指定ダムと告知し、同七月に八ッ場ダム建設基本計画を告示した。ちなみにこの時の総理大臣は中曽根康弘氏だ。この時に示された基本計画では、八ッ場ダムの事業費は二一一〇億円、完成は二〇〇〇年度内となっていた。

群馬県の清水知事が一九九一年に病死し、小寺弘之氏が新知事に選出された。秘書課長として八ッ場ダムの建設に尽力した人物だ。翌年五月に「八ッ場ダム反対期成同盟」は名称を「八ッ場ダム対策期成同盟」に変更し、二七年間に及んだ反対運動にピリオドを打った。そして、七月に長野原町と群馬県、建設省の三者が「八ッ場ダム建設事業に係る基本協定」を調印し、さらに水没五地区と建設省は「八ッ場ダム建設事業に係る用地補償調査協定」に調印した。「これで八ッ場ダム問題は落着した」との認識が社会に広がり、八ッ場ダム問題がメディアに取り上げられることもなくなった。群馬県議会でダム反対をぶちあげていた社会党県議団もすでに矛を収め、地元の道路整備など手厚い生活再建事業を強く要求する姿勢に転換していた。

地元が八ッ場ダム受け入れに舵を切り始めた一九八〇年代前半、利根川下流域の東京で水道料金が大幅にアップされ、住民による値上げ反対運動が起きていた。さらに、水道水の水質悪化や水不足などが頻繁にメディアを賑わすようになっていた。夏になると恒例のように渇水騒動が起こり、メディアは八ッ場ダムの首都圏の水がめとしての効用をしきりに取り上げるようになった。

こうした首都圏の水問題に関する論調に疑問を抱いた人たちが一九八四年四月、「東京の水を考える会」を結成した。地下水の保全や合成洗剤の追放、水道料金の問題などに関わっていた人たちで、水行政の転換を求めてのことだった。嶋津暉之さんがその実務を担った。

都内に誕生した「東京の水を考える会」は、八ッ場などダム問題も取り上げた。東京都が治水のみならず、利水面でも八ッ場ダム事業に参加し、応分の負担をするからだ。つまり、都民は八ッ場ダムの受益者であり、負担者でもあった。ダム建設地から遠く離れているが、東京も地元のひとつであり、倉渕ダム事業における高崎市と同じ立場になる。そうはいっても、都民にそうした意識は現在も皆無に近く、八ッ場ダムはどこか遠い地方の話だと他人事として捉えている人ばかりだった。ちなみに東京都と同じように治水・利水の両面で参画しているのは、群馬県、埼玉県、茨城県、千葉県の四県だ。栃木県は治水のみ。

天然記念物・川原湯岩脈の脇を走る旧国道から川原湯温泉跡を眺望

八ッ場ダム事業を疑問視した「東京の水を考える会」は一九八七年夏の首都圏での渇水騒動を検証し、利根川上流ダムからの過大放流が真の原因だと主張した。会はこうした独自調査などを基に建設省と東京都に公開質問状を提出したが、建設省は「下流域の住民はダム計画の直接関係者ではない」と回答を拒否。東京都は「建設省の所管であり、都として直接回答する立場にない」とし、建設省の公式見解をそのまま示すのみだった。

建設予定地が八ッ場ダムを受け入れた時期に、下流域でダム反対の住民運動が始まったが、首都圏の住民の関心は一向に高まらず、反対運動は広がらなかった。それは全国各地で展開されていた他のダム反対運動も同様であり、倉渕ダムの反対運動のようなケースは例外でしかなかった。こうした状況をなんとか打破しようと、ダム建設に反対する全国各地の住民団体の連絡組織として「水源開発問題全国連絡会（水源連）」が結成され、嶋津暉之さんが共同代表となった。一九九三年のことで、その翌年に八ッ場ダムの関連工事が始まっている。

ダム官僚の天敵となった群馬の町長

「建設省にある件で陳情に行ったら、廊下で顔見知りの砂防部長に呼び止められ、部屋に招き入れられました。何かと思いましたら、部長は上毛新聞のコピーを差し出して〝関口さん、八ッ場ダムに反対するのは結構ですが、新聞に投書や寄稿されるのは困ります〟と、いきなり言うんです。それはもうびっくりしましたよ」

こう語るのは、群馬県旧鬼石町（現藤岡市）の町長を五期務めた関口茂樹さん。関口さんは二〇〇六年に藤岡市と合併した鬼石町の最後の町長で、その後、群馬県議を一期務めている。建設省での忘れえぬ体験は、町長時代の一九九八年に一人で陳情に出向いた際のことだった。たまたま出くわした砂防部長から三、四十分にわたってクレームを付けられた。関口さんに一方的に物言いを続けた砂防部長は我に返ったのか、最後に「今日のことはなかったことにしてください」と言って話を切り上げた。その豹変ぶりにかえって関口さんは言い知れぬ圧力を感じたという。

旧建設省のキャリア官僚が目くじらを立てたのは、関口さんが地元上毛新聞のオピニオン欄に寄稿した記事だった。オピニオン欄は社外識者による論説記事を掲載するコーナーで、上毛新聞社から執筆依頼を受けた各界の識者が一年間に六本ずつ出稿する形式になっていた。上毛新聞社から話を持ち掛けられた関口さんは、「書くテーマは自分が決める」「原稿に手を入れず、そのまま掲載する」といった条件を付けたうえで、承諾した。

一九九八年一一月二八日に関口さんの第一回目の記事が上毛新聞オピニオン欄に掲載された。テーマは八ッ場ダム建設についてで、「渓谷は子どもたちのもの」とのサブタイトルが付けられていた。国が進める八ッ場ダム事業の問題点を鋭く指摘するなど、その内容は事業主体の建設省にとって不都合極まりないものだった。関口さんは「どう考えても（八ッ場ダム事業は）よくないと思い、書きました」と、当時の心境を語った。全文を紹介したい。

「国指定の名勝・天然記念物〝吾妻渓谷〟の大半が、八ッ場ダムの建設により湖底に沈もうとしています。昭和二十二年のカスリーン台風を契機に、利根川水系の治水対策として計画されたのが、下久保ダム（鬼石町）や八ッ場ダム（長野原町）などでした。しかしながら、国土の整備が進み、事情が大きく変わった今日、五千億円を超える巨額の税金を使い、ふるさとを代表する美しい渓谷を破壊してまで、五十年前のダム計画を実施する必要があるのか大いに疑問です。

ダム建設の多くは、建設の是非をめぐって地元民を長い間苦しめ、挙句の果ては移転を余儀なくし、掛け替えのないふるさとをダム湖へ沈めます。ダムによって下流河川は荒廃し、生態系は破壊され、景観は著しく害されます。生活破壊、地域の崩壊、そして取り返しのつかない大規模な自然破壊。下久保ダムの建設が、私たちにこのことを教えています。ダムの果たす役割は大きいが、失うものも計り知れないほど大きいのです。

用水確保や洪水対策を大義名分に、八ッ場ダムをはじめとして、ダム建設計画がめじろ押しです。それらは本当に必要なのでしょうか」

ここまでが一般的なダム事業への懐疑論である。関口さんのオピニオンはこのあと各論に入り、八ッ場ダム事業の必要性への疑義を冷静沈着に語っていく。

「いつ、どこが、どの程度の豪雨に見舞われるかは不確かで、降雨のばらつきが大きいことを考えると、ダム群が下流に対して治水効果をもつ確率は小さい。そのうえ、八ッ場ダム予定地は両岸が近接して蛇行するなど、地形的にもともと洪水調節効果をもつ。さらにカスリーン台風当時とは比較にならないほど、今は国土の保全や治水対策が進んでいます。

森林の持つ高い貯水能力は、県の調査で明らかです。洪水への守りは、寿命の短いダム建設ではなく、森林づくり、緑のダムづくりです。流域の乱開発から森や川を守り、河道や堤防を整備し、雨水の地下浸透を進め、遊水池の確保に努めるなど、ダムより確実に効果が得られる方法をとるべきです。

水需要も頭打ちです。工業用水、灌漑用水は横ばい、水道用水だけが多少の増加見込みですが、日本の総人口のピークは二〇〇七年で、その翌年から減少が始まります。八ッ場ダムは水がたまりにくいダムであり、水質についても問題を抱え、強酸性対策や富栄養化対策を必要とします。ダムを建設しなくとも、節水や農業用水からの都市用水への転用、そして水のリサイクルなど、代替手段の選択により水需要への対応は可能です」

関口オピニオンは八ッ場ダム事業の不合理性をズバっと指摘するだけではなく、国がとるべき施策もきちんと提言していた。

「計画から半世紀、建設目的喪失の八ッ場ダム計画を、私は次のように考えます。①ダムの本体工事は見送る②付け替え道路など地域振興策は推進する③水没住民の五十年の精神的苦痛に対し、国は補償を考える」

じつに見事なオピニオン記事であった。それは同時に、八ッ場ダムを何が何でもつくりたいと思っている人たちにとって、迷惑極まりない記事であった。建設省の砂防部長が省内で見かけた関口さんをわざわざ呼び止めて文句を言ったのも、よくわかる。

ダム建設予定地で長年、地域を二分する紛争を惹起した八ッ場ダム事業は、一九九二年に地元との正式合意がなされた。ダム関連の工事はその二年後に着工となり、同時に水没地区との補償交渉に入っていた。このため、関口さんが地元紙に寄稿した一九九八年一一月は、「八ッ場ダム問題は終わった」との見方が世間に広がり、メディアがニュースとして取り上げることもめっきり減っていた。それどころか、八ッ場ダム事業への異論は半ばタブー視されていた。

そんな状況下で、関口さんは記事の中で「八ッ場ダム本体工事の中止」と「水没予定地の住民への精神的苦痛への補償」を強く訴えた。地方の小さな町の町長が国策を真っ向から批判し、その中止を大胆に主張したのである。勇気溢れる行動といえる。だが、それは関口さんの苦い体験から来る心の叫びでもあった。

ダムができて急速に衰退した故郷

関口茂樹さんは一九四六年に鬼石町で書店や文具店を営む家に生まれた。中学生の頃に地元・鬼石町で、ある大型公共事業がスタートした。町内を流れる神流川《かんながわ》の上流に計画された下久保ダムの着工である。下久保ダムは八ッ場ダムと同時期に計画された利根川水系ダムの一つだが、鬼石町では反対運動ひとつなかった。ダムで水没する家屋が八ッ場ダムと同程度の三二一戸もありながら、町はスンナリと国の方針を受け入れたのだった。どうやら町の大多数が「反対したところで国に勝てるわけはない。国のためになるなら、条件をしっかり出して国の方針に従おう」といった捉え方をしていたようだ。関口さんは「ダムの功罪をよくわかっていなかったからではないでしょうか」と、当時の住民の捉え方を解説する。

しかし、一九六八年に下久保ダムが完成した後、鬼石町は様々な災厄に見舞われることになった。神流川の水量が激減し、下流域にある天然記念物「三波石峡《さんばせききょう》」の様相が激変してしまったのである。神流川でとれる天然石「三波石」は、庭石として珍重される地域の特産物で、清流に洗われ、攪乱されることでその美しさを得ていた。だが、上流部にダムができたことにより川の水の流量が減り、石の輝きも激減していった。景勝三波石峡は見るも無残な姿に変わってしまったのである。鬼石町は貴重な環境資源にダメージを負っただけでなかった。ダム直下の河川環境が激変し、地滑り災害にも苦しめられるようになった。このため建設省も砂防対策で鬼石町を注視し続けることになった。建設省の砂防部長が小さな町の町長だった関口さんのことをよく知っていたのは、そうした事情があったからだ。

下久保ダムが完成した頃（一九六八年）、関口さんは東京で学生生活を送っていたが、その後、故郷に戻って家業を継いだ。巨大ダムができて清流・神流川の輝きが失われていったのと同じように、鬼石町も勢いを喪失していった。ピーク時に一万二〇〇〇人近くいた人口は減少し続け、町の商店街も寂れる一方。そんな状況に追い打ちをかけるように大型店舗への規制緩和を国が進めた。町の商店にとって死活問題となり、商工会メンバーらが大型店舗対策委員会を結成することになった。その委員長に三〇代の若手経営者の関口さんが抜擢されたのである。関口さんは持ち前の行動力を発揮し、商店街や町の活性化のために奮闘した。

そうした働きぶりが住民の評価を得たのであろう。関口さんは三六歳の時に町議会議員となり、さらに任期途中で町長選に担ぎ出されることになった。二期目を目指す現職町長との一騎打ちに挑み、五〇〇票ほどの差で当選を果たした。予想を覆す番狂わせが起き、町中が大騒ぎとなった。四〇歳の町長が誕生したのである。民間出身で、しがらみのない若手町長は行政改革を進め、役場の雰囲気を変えていった。そうした関口町長の仕事ぶりを小寺知事は高く評価していたようだ。

国の会合に関口さんを県下の市町村長の代表として推薦するなど、何かと目をかけてくれたという。関口さんはいつしか小寺知事と親しく話のできる間柄となり、そんな近しい関係はある時期まで続いた。

町長として地域活性化に奮闘する関口さんは、森林問題に強い関心を寄せていた。そうしたテーマのシンポジウムや講演会などに参加しているうちに、ある人物に出会った。八ッ場ダム事業への反対論を堂々と述べる水問題の専門家、嶋津暉之さんである。

関口さんの上毛新聞への寄稿文は巨大ダムを抱えた地域の苦しい実態を踏まえたもので、その内容は説得力に満ち溢れていた。研究者が唱える一般的なダム反対論とは迫力が違った。おそらく、建設省もそう受け止めたのであろう。だからこそ、砂防部長が関口さんの口封じに出たのである。だが、関口さんは砂防部長からの圧力に屈することなく、その後も二回にわたって八ッ場ダム事業に疑義を唱える論説記事を上毛新聞に出稿した。当時はまだ八ッ場ダムの本体工事は始まっておらず、関口さんは「引き返すとしたら今しかないという思いで、寄稿したことを覚えている」と、当時を振り返った。

関口さんのオピニオン記事はいろんな波紋を呼んだ。県内の他の市町村長の多くは関口さんと直接会うと、「そうなんだよなあ」と記事の内容に同調してくれたが、関口さんに続いて声を上げる首長は一人も現れなかった。記事掲載後に関口さんとの関係を露骨に変える人物もいた。その一人が、八ッ場ダム事業の地元合意に尽力した群馬県の小寺知事だった。関口さんは小寺知事から遠ざけられるようになり、疎遠な関係に一変してしまった。そればかりか、小寺知事はまるで関口さんの主張を打ち消すように、ダムの有用性をいろんな場で語るようになった。関口さんの八ッ場ダムに関するオピニオン記事が、小寺知事の心の内の何かに触れたとしか考えられなかった。

関口さんのオピニオン記事を読んで共鳴する県民が現れ、そうした人たちによって一九九九年七月に「八ッ場ダムを考える会」という住民団体が群馬県内に設立された。東京理科大学の楢谷修教授が代表となり、沼田市議の真下淑恵さんらが中心メンバーとなった。「八ッ場ダムを考える会」は群馬県内で八ッ場ダム建設に反対する運動を開始し、世論喚起のためのシンポジウムを開いたり、署名集めなどを行った。水没などダムによる犠牲を直接、強いられる建設予定地の住民らを中心としたこれまでの反対運動とは、メンバーもその活動内容も異なるものとなった。

そして、二〇〇一年に東京、千葉、埼玉など住民が「首都圏のダム問題を考える市民と議員の会」を結成し、「八ッ場ダムを考える会」と連携して各地で学習会や集会を開催するようになった。まさに建設省の砂防部長が懸念した通りの展開となっていった。

上州戦争が激化し、副知事不在に

その頃、群馬県政にも波風が立っていた。三期目に入っていた小寺知事は、県営倉渕ダムの見直しを表明するなど、独自色を発揮し始めていた。このため、県議会との関係が微妙なものになり、とりわけ最大勢力の自民党福田派県議団との間に溝が広がっていた。そもそも小寺さんは中曽根派という訳でもなかったが、初陣の時に中曽根系が担いだ形になっていたことから福田派から距離を置かれた。いつの間にか、福田派と中曽根派による「上州戦争」に巻き込まれていたのである。その福田派の重鎮が、倉渕ダムを推進してきた高崎市選挙区選出の松沢睦県議であった。

二〇〇三年七月の県知事選が近づくにつれ、様々な動きが活発化した。口火を切ったのは、自民党県連だった。四選を目指す小寺知事に対し、高山昇副知事の続投と知事任期を四期までとする条件を突き付け、飲まなければ推薦しないと迫ったのである。この要求に小寺知事は首を縦に振らず、突っぱね続けた。結局、自民党県連が折れ、小寺氏は共産党候補を大差で退けて四選を果たした。

しかし、知事選後、小寺氏は県議会最大会派の自民党福田派から手痛いしっぺ返しを受けることになる。県議会九月定例会に出納長を務めていた旧自治省出身の後藤新さんを副知事に登用する人事案を提出したところ、自民党福田派の反対によって否決されてしまったのである。これに小寺氏は「過半数を握っているからといって、何をやっても良いのか」と強く反発し、自民党福田派との対立が表面化した。こうして小寺県政四期目は副知事不在という変則的な形でスタートし、それが二年間も続く異例の事態となった。

小寺知事は二〇〇五年一〇月に副知事二人制を県議会に提案した。このうち一人は後藤新さんの登用を予定していたが、議会側はそうした知事の意図を察して副知事二人制を否決。結局、県庁生え抜きの幹部一人を副知事にする人事案を可決した。だが、これで一件落着とはならず、小寺知事と自民党福田派の対立はさらにエスカレートしていった。知事側が任期の切れる後藤新出納長の再任を提案すると、議会側はこれも否決。やむなく小寺知事は後藤氏を新たに知事室長として起用した。小寺知事は四期目の任期満了を控えた二〇〇七年二月に再度、副知事二人制を提案するが、議会の賛同は得られず、後藤氏の副知事登用は事実上、三度にわたって退けられたのである。

「小寺さんは後藤さんが副知事に適任だと判断して人事案を出したのだが、福田派はそれを誤解した。後藤さんを自分の後継者にするつもりだと思い込み、それで副知事案を否決してしまったんだ」

こう解説するのは、群馬県議会議長を務めた高木政夫さんだ。中曽根派の重鎮だった高木さんは小寺知事の盟友で、二〇〇四年に県議を辞職して前橋市長選に出馬。福田派の現職を破って前橋市長に転身し、その後、二選をはたしたが、二〇一二年の市長選で落選した。高木さんはその後も小寺氏と行動を共にするなど、一番の盟友であった。

「自民党は、後藤さんを副知事にすると小寺さんが知事ポストを禅譲することになると勘違いした。自分たちの言うことを聞かない知事が続くことになってしまうと反発し、否決に回った」

高木さんと同様の見方をしたのが、小寺さんに抜擢されて県の幹部になった大塚克巳さんだ。

実は、大塚さんもその後、後藤さんと同じような体験をすることになる。

大塚さんは前橋市長になった高木さんに請われ、県職から前橋市の副市長に転身することになった。県幹部として培った見識と人脈、情報網などを駆使して医療都市構想を掲げるなど、県都の発展に力を注いだ。高木市長も期待に違わぬその活躍ぶりに満足し、自らの再選後も大塚副市長の続投を希望した。ところが、市議会は大塚副市長の再任案を反対多数で退けたのである。こうして大塚さんも二〇〇八年に志半ばで、前橋市役所を離れねばならなくなった。

迷走する八ッ場ダム事業に知事の苦言

一九九四年に関連工事が始まった八ッ場ダム事業だが、進捗状況はひどいもので、「遅々として進まず」といった表現がぴったりだった。当初計画では、総事業費二一一〇億円で二〇〇〇年度内完成となっていたが、まさに絵に描いた餅でしかなかった。二〇〇一年九月に一回目の計画変更がなされ、完成年度が一〇年先送りされて二〇一〇年度となった。

さらに二〇〇三年一一月に二回目の計画変更案が発表され、総事業費は二一一〇億円から四六〇〇億円に倍増する見込みとなった。これにより、八ッ場ダムは一躍、全国で一番高額なダム事業に躍り出たのである。総事業費の増大は、治水・利水に参画する六都県の負担額の増加につながる。東京都の負担額は六三七億円、埼玉県が五七四億円、千葉県が三九九億円、茨城県が二一七億円、群馬県が一九七億円、そして栃木県が一〇億円と試算された。こうした計画変更に伴う負担額の増加に関係都県の議会が異を唱え、増額予算案を否決したりすれば、事業からの離脱となる。そうなれば、ダム事業計画全体の見直しが余儀なくされ、中止になることもありうる。このため、事業主体の国（国土交通省）は関係都県に計画変更案の了承を得るべく躍起となった。事業費が膨れ上がった要因は「地元への補償が増大したため」と説明し、関係都県に理解を求めたのである。

二回目の計画変更案に東京都や栃木県はいち早く了承し、埼玉県、千葉県、茨城県と続いた。しかし、群馬県の小寺知事は事業費の倍増と国の説明に対し、強い不快感を顕わにした。二〇〇三年一一月二五日の定例記者会見で、「非常に驚きを覚えると同時に、公共事業に対する不信感を持った」と、率直な感想を述べた。そのうえで、「（国が事業費を）縮減しなければ、（県民の）納得が得られない」とし、計画変更案の了承を求める議案の提出を先送りしたのである。そして、国に変更案についての詳細な説明と事業費の再検討を求める考えを明らかにした。国に対しても地元として言うべきことを言う姿勢を明確に示したのである。

しかし、八ッ場ダム関係六都県のなかで群馬県のみが抵抗を続けることには、限界があった。また、小寺知事にも国策に真正面から抗うつもりはなかった。二〇〇四年の五月県議会で国の計画変更案にともなう関連予算の増額を諮り、議決を得たのである。こうして八ッ場ダムの二回目の計画変更がその年の九月に正式決定した。

八ッ場ダムの事業費の大幅増額が波紋を広げていた丁度その頃だった。水源連の嶋津さんが朝日新聞の「私の視点」に記事を投稿した（掲載は二〇〇四年一月三〇日）。「八ッ場ダム　必要性の徹底検証を求める」というタイトルで、嶋津さんは「必要性がすでに失われ、多くの問題を引き起こし、国民に多大な負担を背負わせる八ッ場ダムの建設を果たして進める必要があるのか、根本に立ち戻って検証すべきである」と、強く訴えた。

嶋津さんが投稿した記事の内容はきわめて明快だった。「八ッ場ダムの総事業費は地域振興策などを含めると六〇〇〇億円となり、起債の利息も加えると、国民の総負担額は九〇〇〇億円近くになる。この巨額の金額を首都圏の住民が地方税、水道料金として、そして、一般国民も国税として支払っていくことになる。しかし、それだけの意味のある事業なのだろうか」と根本的な疑問を投げかけた。

そして、利水面での必要性にこんな疑義を示していた。「首都圏でも人口がピークに近づいていて、二〇一五年以降は減少していく。節水機器の普及などにより、一人あたり給水量は漸減の傾向にあることから、水道用水は近い将来には確実に減少傾向に向かう」と指摘した。さらに「水源開発が進んできた結果、各水道事業体は十分な水源を保有するようになり、最近は渇水がきても断水に至ることはほとんどなく、生活への影響を避けられるようになった」と、利水面での必要性を否定した。

また治水面では「もともと利根川の治水計画は非現実的な過大な洪水流量の設定によって、たくさんのダム建設が必要だとされているのであって、実際には河道整備を計画どおりに進めば、大洪水への対応が可能となる」と、訴えていた。そして、嶋津さんは最後にこう指摘していた。「全国の巨大ダム計画をみると、岡山県の苫田ダムはほぼ完成し、岐阜県の徳山ダムは本体工事に入った。熊本県の川辺川ダムと、この八ッ場ダムは本体工事前だ。時代が大きく変わったときに、こうした巨大ダム計画をどう見直すかが問われている」

嶋津さんの投稿記事に瞠目したのが、全国市民オンブズマン連絡会議の代表幹事を務める大川隆司弁護士だった。税金の無駄遣いを追及する市民オンブズマンはかねてからダム問題にも強い関心を持っていたが、具体的な取り組みには至っていなかった。嶋津さんの記事を読んだ大川弁護士は、無駄な公共事業の代表格としての八ッ場ダム問題に出会い、「これを放置したのではオンブズマンの名が廃る」と刺激を受けたのである。

二〇〇四年三月に開かれた全国市民オンブズマン連絡会議の幹事会で八ッ場ダム問題が取り上げられ、関係六都県で住民監査請求を行うことが直ちに決定された。そして、住民訴訟を担う運動団体が六都県ごとに結成され、それらの連絡組織として「八ッ場ダムをストップさせる市民連絡会」（以下、市民連絡会）がつくられた。

二〇〇四年九月一〇日に六都県の住民約五四〇〇人が各都県の治水、利水負担金の支出差し止め等を求める監査請求を一斉に行った。住民監査請求の結果はいずれも棄却または却下に終わり、これを不服とする住民らは同年一一月に住民訴訟を提起した。各都県を相手に八ッ場ダム事業への公金支出の差し止めを求める訴えを起こしたのである。

こうして八ッ場ダムは無駄な公共事業の代表的な事例として、全国的な関心を呼ぶようになった。政権交代を目指していた民主党も八ッ場ダム事業に目を向けるようになった。党内に「八ッ場ダム検証プロジェクトチーム」をつくり、「次の内閣」で国土交通省を担当する菅直人議員らがダム予定地を視察に訪れたりもした。

そして、二〇〇五年九月の総選挙である。郵政民営化の是非が最大の争点となったこの選挙は、小泉純一郎総理が放った刺客候補にメディアの取材が殺到するなど、「劇場型選挙」のさきがけとなった。その反動ですっかり存在感を失ってしまったのが、民主党だった。無駄な公共事業を批判した民主党は、初めてマニュフェストの中に八ッ場ダムの中止を盛り込んだが、一瞥もされなかった。

地元群馬でも中島政希氏が高崎市などの群馬四区から民主党公認で立候補したが、五万六三六四票で惜敗した。中島氏にとって県議選で二回、市長選で一回、そして衆院選で三度目の落選となった。中島氏の秘書だった田島國彦氏も八ッ場ダムの予定地を抱える群馬五区から民主党公認で初めての選挙に挑んだが、五万二三九四票で惜敗した。小泉人気に吹き飛ばされてしまったのである。

八ッ場ダム事業に厳しい視線が注がれるようになった頃、群馬県政に新たな動きが生まれていた。そのひとつが群馬県議会だった。県内で八ッ場ダム反対の狼煙を挙げた鬼石町の関口茂樹町長の県議への転身である。

鬼石町は二〇〇六年一月に藤岡市と新設合併し、藤岡市の一部となった。新しい藤岡市の市長選が同年四月に実施され、関口さんは立候補。行政改革を掲げ、旧藤岡市長との一騎打ちに挑んだ。関口さんは約一万五〇〇〇票を集めたが、現職に七〇〇〇票ほど及ばず敗退した。約七〇〇〇人の旧鬼石町と約六万三〇〇〇人の旧藤岡市の人口差を考慮すると、善戦といえた。実際、事前の調査では関口有利との見方が出たほどで、これに危機感を抱いた現職側が「鬼石に藤岡を乗っ取られていいのか」といった地域ナショナリズムを刺激する戦術に出たといわれている。

市長選に惜敗した関口さんは、その一年後の県議選に藤岡市選挙区（定数二）から出馬し、見事、当選を果たす。こうして群馬県議会に八ッ場ダム建設反対を堂々と唱える県議が出現したのである。異色の新人県議は関口さんだけではなかった。高崎市選挙区（定数七）で旧吉井町の角倉邦良さんが初当選した。民主党の金田誠一衆議院議員の秘書を務めた角倉さんも八ッ場ダム建設に異を唱える論客。また、同じ高崎市選挙区から中島政希さんの直系候補も初当選した。

実は、この時の県議選は直後に実施される県知事選の前哨戦と位置づけられていた。このため、小寺知事派は支援団体「群馬県民の会」を結成し、県議選八選挙区で小寺派候補を推薦して自民党県連に対抗した。関口さんや角倉さんはそうした小寺派候補のメンバーだった。八ッ場ダムへの疑義を広言して以来、知事と疎遠な関係になっていた関口さんも、県議選前に知事とのツーショット写真を撮影した。だが、関口さんと並んだ小寺知事の表情は硬く、若干引きつっていたように見えたという。

現職知事を追い落とす保守分裂選挙

八ッ場ダムに反対する関口さんと角倉さんは他の小寺派新人議員らと「スクラム群馬」という会派を結成し、自民党系と労組系で埋め尽くされていた群馬県議会に新風を呼び込んだ。この「スクラム群馬」という会派名は、小寺知事が命名したものだった。

さて、その県知事選挙である。一九九一年の県知事選で初当選した小寺氏は、その後、九五年、九九年、二〇〇三年と当選を重ねていた。県知事選は共産党候補を大差で退ける、事実上の信任投票となっていた。しかし、先述したように小寺さんの最大の支持基盤である自民党群馬県連との関係が、三期目あたりからギクシャクしていた。特に圧倒的な力を持つ自民党福田系との間に軋轢が広がり、四期目の選挙時にはすでに修復できないほどの亀裂となっていた。二〇〇七年七月の任期切れが迫るにつれ、自民党群馬県連内で後継候補者探しが活発化した。そうした動きをよそに小寺知事は五選への意欲を明らかにしていた。多選への批判の声が県下に渦巻いた。

そうした状況下でいち早く動き出したのが、自民党の山本龍県議（吾妻郡区）だった。小渕恵三代議士の秘書から県議に転身した山本氏は三期目の途中で辞職し、自民党も離党。「脱官僚知事」を掲げて知事選への出馬を表明した。そして、二〇〇六年七月から全県行脚を開始し、「世代交代」と「脱しがらみ」を訴えて回っていた。これに対し、小寺知事は同年四月に五選への意欲を示し、一〇月になって立候補を正式に表明した。四期一六年の実績をアピールし、各種団体の推薦を取り付けて先行した。

一方、自民党県連会長の笹川尭衆議院議員は二〇〇六年五月、「多選は賛成できない」として独自候補の擁立を明言し、保守分裂選挙が決定的となった。自民党県連は独自候補の選定を急いだ。出遅れ感が募る中で浮かび上がったのが、県会議長などを歴任した自民党県連の前幹事長、大沢正明県議（太田市選挙区）だった。自民党県連は一一月に大沢氏を知事選に擁立することを正式決定し、さらに選挙直前（二〇〇七年五月に）自民党公認候補に格上げした。

こうして二〇〇七年七月二三日に投開票される群馬県知事選は、五選を目指す現職の小寺弘之氏と自民党公認の大沢正明県議、自民党を離党した元県議の山本龍氏、それに共産党系の候補など計五人が立候補する賑やかなものとなった。事実上、保守分裂の三つ巴の戦いであった。

これまで自民党内の事前調整で、県知事が決められてきた群馬県において、この時の県知事選は特異なものとなった。保守分裂の三つ巴という選挙戦の構図のみならず、どの候補が勝利するか全く予測不能となったからだ。現職側が実績と安定をアピールすれば、新人側は多選批判を徹底し、激しい選挙戦が繰り広げられた。

そうした保守分裂選挙の蚊帳の隅にいたのが、民主党だった。小寺県政の与党となっていた民主党は多選批判の声もあって、小寺支持を掲げる訳にはいかなかった。かといって、自前の候補を擁立する体力も意欲もなかった。それどころか、民主党群馬県連はその頃、労組系と中島さんら非労組系の対立が激化し、一大抗争を繰り広げていた。それも政治路線をめぐる対立が中心ではなく、政治資金の管理や配分などをめぐるイザコザであった。二〇〇六年一月に不正経理を追及された県連事務局長が自殺するなど、泥沼の党内抗争を展開し、役員会すら開けない状況となっていた。両派の主導権争いが激化し、ひとつの政党としての体をなしていなかったのである。こうした民主党群馬県連の内ゲバは、二〇〇九年夏の解散総選挙時まで続いた。

二〇〇七年の群馬県知事選で民主党の労組系はこれまでと同様に、小寺陣営に加わった。最大の支援団体である連合群馬が小寺知事を推薦したからだ。一方、中島さんら民主党非労組系は小寺氏の多選を問題視し、別の候補を応援した。当時の状況を中島さんは回想録『戦いなければ哲学なし』（政党政治研究所、二〇一六年）の中でこう語っている。

「私は小寺さんが五選に挑戦するという時に反対したんです。でも、どうしてもやりたいというので、〝多選批判の中で私や民主党が推薦するには大義名分がいる。民主党と八ッ場ダム凍結で政策協定を結んでほしい〟と条件を出したんです。しかし〝それは出来ない。八ッ場ダム建設は望ましいとは思わないが、自分の立場では建設推進は変えられない。民主党の推薦はいらない〟と、はっきり断られました。やむを得ず私たち民主保守系は第三の候補者だった山本龍氏と〝八ッ場ダム反対、地方行革の推進〟などの政策協定を結んでそちらを応援しました」

群馬県政史に残る大激戦となった知事選は、現職知事の落選という群馬県政初の結果となった。

自民党公認の大沢氏が三〇万五三五四票を獲得して初当選し、現職の小寺氏は二九万二五五三票でわずか一万二八〇一票およばなかった。第三の候補、山本氏は一九万六五一票だった。地元の『上毛新聞』は知事選の顛末をこうまとめていた（二〇〇七年七月二三日）。

「小寺氏は早くから各種団体の推薦を取り付け、全県に浸透し先行。対する大沢氏は出身の東毛以外ほとんど知名度がなく、告示前に自民党が実施した世論調査結果に同党幹部が思わず〝候補者差し替え〟を口にしたほど。それでも自民党は〝王国〟の威信を懸け、組織力をフル稼働、党所属県議、国会議員らを総動員して巻き返し、最終盤で逆転した」

大沢陣営の選挙対策本部長を務め、自民党の威信を懸けた知事選を引っ張ったのは、福田康夫衆議院議員であった。だが、自民党は群馬県知事選の一週間後に投開票された参議院選挙で敗北し、迷走する。安倍晋三総理が持病の悪化を理由に突然、辞任。急遽、福田康夫氏が内閣総理大臣に担ぎ出されるのである。

五選を狙った小寺氏の落選をどうみるかは、人それぞれであろう。多選による弊害を避けるための順当な結果とみる人もいれば、土着権力層から不評を買い、その座から引きずり降ろされたとみる人もいるだろう。小寺氏と深い話ができる関係にあった中島氏は「小寺さんは牧民官的な意識が強い人でした。群馬のことを一番知っているのは自分だ。群馬県政をきちんと運営できる人間は自分しかいないという自負心は過剰なほどで、それだけに一度手にした群馬の統治権を手放したくないという想いを強烈に感じました。孤独な開明的専制君主になっていたんです」と、解説する。いずれにせよ、小寺さんは志半ばで知事職から離れなければならなくなった。政治家として完全燃焼しておらず、引退という気持ちにはなれなかったようだ。落選後に「緑と風の会」という政治団体を立ち上げ、前橋市内に事務所を構えたのである。

知事選がその後の人生を大きく変えることになったのは、小寺さんだけではなかった。

「総務省の先輩らから〝戻ってこい〟といわれたのですが、これを機会に役人人生にピリオドを打とうと決断しました」

こう振り返るのは、小寺さんにヘッドハンティングされて自治省から群馬県幹部に登用された後藤新さんだ。後藤さんの群馬県庁への出向は二度にわたり、足掛け一五年にも及んでいた。議会側に副知事就任を拒まれた後も、知事室長として小寺知事を支え続けたが、その小寺氏が落選した七月に後藤さんは群馬県庁を退職。総務省にも戻らず、そのまま群馬県内で一民間人となった。東京でも出身地の広島でもなく、群馬に骨を埋めることを決断したのであった。後藤さんはしみじみとこう語った。

「着任前にいろんな方から〝群馬の政治風土は特殊だ〟という群馬特殊論を聞かされてきましたが、私は違うと思っていました。ですが、やっぱり、特殊なところのようでした」

群馬県に自民党公認の新知事が誕生した二〇〇七年七月は、国政においても大きなターニングポイントとなった。自民党から民主党への政権交代の流れが一気に加速し、止められぬものになっていた。同年四月に小沢一郎氏が民主党代表に就任し、群馬県知事選の一週間後の参議院選挙で自民党との一大決戦に挑んだ。結果は民主党の大勝となり、衆参ねじれ現象が生まれた。直後の九月に安倍総理が辞任し、代わって福田康夫氏が自公政権を率いたが、衆参のねじれは解消せず、不安定な政権運営を強いられた。国政は混乱と混迷を深めるばかりとなった。

県議会で八ッ場ダム必要論を論破

四人目の地元出身の総理大臣が誕生し、保守大国・群馬は大いに沸いた。そんな状況下の二〇〇七年九月、群馬県でも新しい知事の元での議会が初めて開会された。現職知事を僅差で退け、政権交代を果たした大沢正明新知事が一般質問への答弁に初めて臨むことになった。自治官僚出身の前任者との違いを見極めようと、県庁内の誰もが新知事の答弁に注視した。なかでも注目の的となったのは、九月二六日に行われた新人議員の関口茂樹さんとの質疑応答だった。八ッ場ダムに関する質問が事前通告されていたからだ。関口さんにとっても初めての一般質問となり、議場内はピーンと張りつめた雰囲気となった。関口さんは「大沢知事は私が八ッ場ダムについて質問することを本当に怖がっていました」と、回想した。

関口さんの初陣は実に見事だった。事実（データ）に基づく緻密な質問で、八ッ場ダムが治水面であまり意味のないことを明確に示すものとなった。その科学的な追及に県側はグウの音も出なかったのである。質疑応答を詳述したいが、その前にこちらの内容を頭に入れておいていただきたい。

そもそも八ッ場ダムの治水目的は、一九四七年に大水害をもたらしたカスリーン台風級の再来に備えるものとされている。具体的にはこんな想定である。カスリーン台風と同じ大雨が降った場合、利根川の基準点となる八斗島《やったじま》（群馬県伊勢崎市）でのピーク流量を国は毎秒二万二〇〇〇立方メートルと試算している。国はこのうち河道整備で毎秒一万六五〇〇立方メートルを流量カットし、残りの毎秒五五〇〇立方メートルを上流ダム群で調節するという治水計画を立てている。すでに利根川上流域に六つのダムが造られており、それらで毎秒一〇〇〇立方メートル分の流量をカットすることになっている。だが、最後のダムとなる八ッ場ダムによる流量カットは毎秒六〇〇立方メートルにすぎず、八ッ場ダムが完成したとしても毎秒三九〇〇立方メートルの流量が処理できずに残る計算になる。つまり、国が策定した利根川治水整備計画は、八ッ場ダムが完成したとしても完結しないことになる。しかし、なぜか国は残りの毎秒三九〇〇立方メートル分をカットする手立てを講じてはいない。

こうした内容を聞くと、「それで大丈夫か」と不安に駆られる方も多いと思う。だが、それは杞憂である。なぜなら、国の洪水想定そのものが過大過剰な数値と考えられるからだ。上流にダムを造りたいがための数値設定というのが、偽らざるところだろう。

実は、治水目的の八ッ場ダムがほとんど治水効果を持たないことを、事業主体の国も認めていた。いや、認めざるを得なくなっていた。カスリーン台風の到来時に、かりに八ッ場ダムがあったとしても「効果はゼロ」とする国交省の資料が見つかり、二〇〇五年二月の衆議院予算委員会でそれを基に質問した塩川鉄也議員（日本共産党）に対し、国交省河川局長が「（洪水調節効果は）期待できない」と認めていた。そして、国交省河川局長は「利根川水系のような流域の大きな川になってきますと、いろいろな雨の降り方があります」と答弁し、別の雨の降り方をした場合には治水効果があると強弁した。

例えば、八ッ場ダム上流域に短期間に大雨が降るケースである。国の治水計画では八ッ場ダム上流域に一〇〇年に一回と想定する「三五四ミリ」の大雨が降った場合、吾妻川の流量は毎秒三九〇〇立方メートルにまで増えるとされていた。そのまま水が下流に流れたら、大洪水となりかねず、それを防ぐために八ッ場ダムで毎秒二四〇〇立方メートルの流量調節を行い、下流の流量を毎秒一五〇〇立方メートルに減らすという計画になっていた。八ッ場ダムが果たす治水効果といえるものだった。

関口さんは県議会初の一般質問でこの点を追及した。というのは九月議会が開会する直前に台風九号が上陸し、八ッ場ダム予定地周辺が大雨に見舞われたからだ。関口さんは具体的なデータを示しながら、質問を展開していった。この時の緊迫した場面をジャーナリストのまさのあつこ氏が取材し、雑誌『世界』二〇〇八年四月号に寄稿している。

九月五日から降り続いた三日間の雨量は、長野原で二三七ミリ、野反《のぞり》で二四八ミリ、草津で二七〇ミリ、逢ノ峰《あいのみね》で三九三ミリ、応桑《おおくわ》で五四〇ミリ、浅間山で四五七ミリなどとなり、単純平均すると「三五六ミリ」となった。八ッ場ダム計画で国が想定した一〇〇年に一回の雨量「三五四ミリ」とほぼ同程度となった。ところが、実際に吾妻川に流れ込んだ水の量を調べてみると、毎秒一一〇〇立方メートルで国の想定量の三分の一にすぎなかった。こうした事実を明らかにしたうえで、関口さんは「台風九号は八ッ場ダム建設予定地の上流に一〇〇年に一回の大雨を降らせたが、ダムがないにもかかわらず洪水は吾妻渓谷によって調節された。こうしたことから八ッ場ダムの必要性はないと考えるが、どうか」と、大沢知事に問いかけた。

関口県議の鋭い質問に身を堅くしていた大沢知事に議会中の注目が集まった。答弁台に立った大沢知事は「なるほどなあと聞いていました。勉強不足で申し訳ない」と語ると、さっと席に戻ってしまった。そのあっけらかんとした言動に関口さんは脱力したという。代わりに答弁に向かったのが、国交省から出向中の川瀧弘之・県土整備部長だった。

だが、川瀧部長は関口さんの質問に真正面から答えず、論点をずらしてごまかしに出た。関口さんが示した「三五六ミリ」という数値は単純平均によるもので、国の計算法によるものではない。国の計算法では「三二三ミリ」になるとし、よって一〇〇年に一回の大雨ではなかったと抗弁したのである。なお川瀧部長は流量については一切、触れなかった。関口さんの指摘は事実であったからだ。

八ッ場ダムの不必要性をデータで証明した関口さんは「治水効果のほとんどないダム建設は止め、その費用（当時の試算で約四六〇〇億円）でより治水効果の高い堤防の強化や新設、河川改修などを行うべきだ」と主張した。こうした八ッ場ダムの必要性に関する実証的な質問が群馬県議会でなされたのは、これが初めてだったと思われる。

関口質問から一年が経過した二〇〇八年九月、群馬県出身の福田康夫総理が突如、辞任を表明し、驚天動地の騒ぎとなった。あとを受けたのは麻生太郎氏で、二年連続の首相交代となった。コロコロと総理大臣がまるで日替わり定食のように代わる状況となり、政権と国会の劣化が急速に進んでいった。国民の不満と憤りが限界にまで高まる中で、二〇〇九年を迎えることになった。麻生内閣は発足直後からダッチロールを続け、内閣支持率の低下に歯止めがかからずにいた。リーマン・ショックに見舞われて、解散するタイミングを失い、国民から見放されていった。政権交代を求めるムードが国内に広がっていた。

八ッ場が政治課題に急浮上した背景

八ッ場ダム事業は、その頃、まるで迷走する国政と歩調を合わせるかのように足踏み状態を続けていた。ダム関連の工事は一九九四年に着工されたが、本体工事着工への道筋ははるか彼方となっていた。そもそも無理筋のダム計画で、様々な矛盾や難問を内包していたからだ。必要性のみならず、ダム建設地としての適性にも大きな疑問符がついていた。また、他のダムよりも水没戸数が多く、さらに道路整備や鉄道の付替えなどによって移転を余儀なくされるケースを合わせると、移転対象世帯が四二二にものぼる点も大きな課題となった。補償交渉や代替地の造成などに手間取り、時が空しく流れるばかりとなった（国交省は二〇〇八年九月に八ッ場ダムの工期を五年延長し、完成を二〇一五年度とする三回目の計画変更を告示した）。

そうした諸々の矛盾が地元住民にしわ寄せとなって押し寄せた。そのひとつが、国が用意する代替地の分譲価格だった。代替地は大規模な切り土、盛り土を必要とし、造成費用がみるみる嵩んでいった。そのため、分譲価格は周辺の地価よりもはるかに高額となり、移転住民の負担増となった。補償金の多くが代替地の購入代金に費やされ、代替地での生活再建を危ういものにしていた。

こうした現地の実情を直視したダムに反対する下流域の住民たちは、たんに「八ッ場ダム建設反対」を主張するだけでは済まされない、と考えるようになっていた。そして、自分たちの運動の最終目標を八ッ場ダムの建設中止にとどまらず、地元住民の生活再建や地域再生にまで広げていた。そうした考え方に基づき、「八ッ場ダムを考える会」のメンバーは二〇〇七年一月に、会の活動を継承発展させる新たな組織「八ッ場あしたの会」を結成した。八ッ場ダム計画の見直しを求め、かつ、水没予定地の再生と地元住民の生活再建支援に力を入れた活動をスタートさせたのである。現地の住民に寄り添うスタンスをより明確に掲げた彼らは、ダム計画を白紙にさえすればよいという浅薄な捉え方から脱却していた。長年にわたって水没予定地に住む人たちと関わってきたことから、八ッ場ダムの問題は、そんな単純なものではないと心底から思っていたのである。

八ッ場ダム計画に反対する新しい住民団体「八ッ場あしたの会」の発足に呼応したのが、二〇〇八年五月に組織された「八ッ場ダムを考える一都五県議会議員の会」（以下、議員の会）だ。その名の通り、群馬県や東京都、千葉県など八ッ場ダム事業に参画する六都県の都議や県議の集まりで、群馬県の関口茂樹県議が代表に就任し、呼びかけなどの実務を角倉邦良県議が担った。この二つの会が連携してダム行政の見直しや法整備を求めて精力的に活動するようになった。

こうした広域的な反対運動が活動の幅をより広げていくなかで、八ッ場ダムに反対する新たな団体が二〇〇七年夏に誕生した。「八ッ場ダム研究会」というグループで、代表者は高崎市の大塚一吉さん。倉渕ダム反対運動を主導し、建設中止という成果を勝ち取った人物だ。もっとも、「八ッ場ダム研究会」を実質的に立ち上げ、動かしていたのは、群馬の民主党非労組派のリーダー・中島政希さんだった。彼が大塚さんら倉渕ダム反対運動の仲間や県内の民主党非労組派の国会議員や県議、市議などに呼びかけて会を発足させた。

中島さんは「八ッ場ダム研究会」を発足させた狙いについて、著書『崩壊　マニフェスト』（平凡社、二〇一二年）の中でこう説明している。

「八ッ場ダム研究会の目的は、その趣意書が『既存の八ッ場ダム関連運動の実績を尊重しつつも、いわゆる市民運動の枠にとらわれることなく……八ッ場ダムに反対・見直しを主張する政治家や政党とも積極的に提携し、新しい立場と視野に立った活動を進める』と述べているように、反対運動の幅を保守系有権者にまで広げ、次期衆議院総選挙において『八ッ場ダムの是非』を国政選挙の争点に押し上げることを目指したものだった」

中島さんは倉渕ダムの時と同様に、八ッ場ダム反対運動を市民運動から政治運動に転換させたいと考えていたという。国政選挙で勝利しない限り、八ッ場ダムのような大型公共事業は止められないと判断していたからだ。もっとも、国政選挙で勝利さえすれば、止められるという簡単な問題ではない。

民主党の鳩山由紀夫幹事長が二〇〇八年八月一八日に長野原町の八ッ場ダム建設現場を訪れた。それも単身ではなく、衆参国会議員や公認候補予定者ら三十数人を引き連れての行動だった。軽井沢で行われた派閥の研修会後に、バスで現地まで足を伸ばしたのである。この鳩山視察の実現に動いたのが、中島さんら「八ッ場ダム研究会」だった。

実は、この鳩山視察団に「八ッ場あしたの会」の中心メンバーである嶋津暉之さんが呼ばれ、現地で説明役を務めた。倉渕ダムの反対運動で知り合った中島さんから依頼され、現地で一行と合流した。また、群馬県議で「議員の会」代表世話人の関口茂樹さんも説明役として鳩山視察団のバスに同乗した。一行は水没地区の住民らと懇談した後、鳩山氏が記者会見に臨んだ。その場に関口さんも同席することになった。中島さんから「八ッ場ダムについて関口さん以上に詳しい人（議員）はいないので……」と言われ、記者の質問を受ける鳩山氏の斜め後ろで控えていたのである。

鳩山幹事長は現地での記者会見で、八ッ場ダム建設の凍結・中止と住民の生活再建支援策を次期総選挙のマニュフェストに盛り込む考えを明らかにした。翌日、地元の『上毛新聞』は鳩山視察団の記事を一面トップに掲載し、八ッ場ダム建設是非が次期総選挙の争点のひとつとして大きく浮上することになったのである。中島さんは先の著書でこう指摘した（三四頁）。

「八ッ場ダム研究会の設立から鳩山視察団の実現に至るプロセスは、八ッ場ダム反対運動の質的な転換プロセスだった。それは鳩山視察団の記事が『上毛新聞』一面トップを飾り、各紙地方版もこれに倣ったことが何よりも証明している。かつて市民派議員や左翼系議員の同じ行動が繰り返されたが、地方紙をこれほど賑わせたことはない。八ッ場ダムは社会面から政治面の課題に移ったのだ」

その時の中島さんの高揚感がそのまま文章となって現れている。もっとも、こうした中島さんのものの見方や言い方が、「八ッ場あしたの会」などに集まった人たちにはどうにも受け入れ難かったようだ。彼らの中には「中島さんは市民運動を一段、下に見ているのでは」「我々の活動を選挙や政治に利用しようとしているのでは」といった不信感を抱く人もいた。ともに八ッ場ダム建設中止という目標に向かって走っていながら、いまひとつしっくりいかず、強固な協力・信頼関係を構築できずにいたようだ。もっとも、八ッ場ダム問題に精通し、かつ、現地に足繁く通って住民に寄り添った活動を展開していたのは、「八ッ場あしたの会」のメンバーたちだった。

政権交代を目指す民主党が選挙公約を「マニフェスト」として掲げるようになったのは、二〇〇三年の衆議院選挙からだ。その時に無駄な公共事業の代表事例として吉野川可動堰や諫早湾干拓事業、川辺川ダム、徳山ダムが列挙されたが、八ッ場ダムは入っていなかった。八ッ場ダムが示されるようになったのは二〇〇五年の郵政選挙のマニフェストで、川辺川ダムと吉野川可動堰、長良川河口堰とともに初めて無駄な公共事業の代表事例として明示された。民主党はこの時のマニフェストで、国直轄の大型公共事業の五割、一兆三〇〇〇億円を削減するとの大きな目標をぶちあげたのである。

ところが、民主党は二〇〇七年の参院選挙マニフェストで事業の個別名称をすべて削除してしまった。個別の事業名を列挙すると地元で反発や軋轢を生むので、個別名を出すなという要望が地元議員らから多数寄せられたためだという。無駄な公共事業を見直すという総論には賛成だが、各論となるとそうはいかないという地元議員の本音に屈したものと思われた。なにも民主党議員に限らないが、国会議員の多くは東京と地元での発言をうまく使い分ける、二枚舌の持ち主ではないだろうか。東京では正論・総論を熱く語り、地元に戻るとその逆、つまり、地元への利益誘導をぶち上げるのがごく普通だ。甘い囁きで有権者のご機嫌を取るのである。そうしないと票を集められない、選挙に勝てないと思い込んでいるのであろう。そして、現実がそうなっていることも否めなかった。

民主党はこうした選挙事情を考慮し、次の総選挙のマニフェストでも見直すべき無駄な公共事業の具体名を明記しない方針を固めていたという。それだけに八ッ場ダムなど一度消し去られた事業名をマニフェストに復活させることは容易ではなかったようだ。中島さんは著書（前出）の中でこう明かしている（三六頁）。

「鳩山幹事長らの大規模な八ッ場視察はその下準備としてどうしても必要なことだったのだ。その後の紆余曲折はあったが、鳩山幹事長の強い意志もあって、〝八ッ場ダム建設中止〟は、平成二一年（二〇〇九年）総選挙の民主党マニフェストに掲げられることとなった。私は、それが民主党の政権公約となり、総選挙で決着がつけられるということに大きな意義を覚えた。民主党が勝てば当然〝中止〟に向かって大きく歯車が動き出すだろう。負ければ、既定方針通り八ッ場ダム本体工事が始まる。それはそれで国民の選択であり、止むを得ないことだ。政治家の責任が不明確なまま、政治責任を負わない官僚による既成事実化と惰性のままに、重大な政策が進行して行く。日本の政治には、大東亜戦争を典型として、昔も今もそういう忌むべき事例が多すぎる。八ッ場ダムについては、そういう惰性やなしくずしは許さない、というのが私のささやかな決意だった」

こうして民主党は二〇〇九年七月二七日、八ッ場ダム中止を盛り込んだマニフェストを正式発表した。目前に迫った総選挙で「川辺川ダム、八ッ場ダムは中止。時代に合わない国の大型直轄事業は全面的に見直す」といった公約を掲げ、民意を問いたいと宣言したのである。

これに即座に反応したのが、群馬県の大沢正明知事だった。同日の記者会見で、八ッ場ダム建設中止に強く反対した。その翌日、埼玉県の上田清司知事も建設中止に反対を表明し、その後、東京都の石原慎太郎知事と千葉県の森田健作知事も建設中止に反対した。さらに八月六日に建設予定地の群馬県長野原町と東吾妻町のトップが民主党本部を訪れ、八ッ場ダム建設中止方針の撤回を求める要請書を提出した。危機感を抱いた建設推進派が早くも猛烈な勢いで巻き返しに出たのである。

「すでに民主党への風が吹いていまして、いろんな人に〝民主党だったら入れるのに〟と言われました。私はその都度、〝地方議員は党ではなくて、人物で選んでください〟とお願いしました」

こう語るのは、小寺氏の知事選敗退後に役人人生に終止符を打った後藤新さんだ。原籍地の総務省に戻らず群馬県でひとりの民間人となった後藤さんは、二〇〇九年一月に行われた群馬県議補選に無所属で出馬した。選挙区は前橋市を中心とした前橋市・勢多郡区で、二つの欠員を補う選挙だった。

県議補選の立候補者は無所属の後藤さんら五人となった。二年前の県知事選に自民党を離党して出馬した山本龍元県議は自民党に復党、その公認を得て県議への返り咲きを狙った。それも選挙区を替えての異例の出馬だった。一方、政権交代を目指す民主党は県議補選を次期衆院選の前哨戦と位置づけ、元県議ら二人を推薦した。しかし、その実態は党勢拡大を図る攻めの選挙というより、労組系と非労組系がそれぞれ候補を擁立した分裂選挙といえた。もう一人は共産党公認の元前橋市議だった。

二議席を五人で争う県議補選は激戦となった。後藤さんは小寺前知事や前橋市の高木政夫市長の支援を受け、さらに連合群馬の支持を得て選挙に挑んだ。公約の柱に「一人一人の人生を大切にする政治」を据え、「今の県政は政党の利害に左右され、県民の暮らしを置き去りにしている。みなさんの声を県政に届けたい」などと訴えて回った。自民党公認の山本さんは「徹底的な行財政改革」を公約の第一に掲げ、自民党国会議員などの支援を受けた。また、山本陣営は「前橋の市政は信頼を欠いている」と高木市政批判を展開した。当時、市長の親族企業の土地取引に様々な疑惑が生じていたからだ。

選挙結果は山本氏がトップ、後藤氏は二位につけて初当選となった。一方、民主党推薦の二人の候補は票が割れ、共倒れとなった。はれて群馬県議となった後藤さんは、関口さんや角倉さんたちの会派「スクラム群馬」（その後、会派名を「リベラル群馬」に変更）の一員となった。

政権選択選挙と八ッ場ダム

衆議院の早期解散を想定して発足した麻生内閣だったが、肝心の内閣支持率がいっこうに上向かず、解散に打って出るタイミングをつかめずにいた。そうこうしている間に衆議院議員の任期切れが刻々と迫り、麻生内閣は完全にジリ貧状態に陥った。代わって国民の期待が民主党に集まるようになり、政権交代が現実化しつつあった。

そんな緊迫した政治情勢下で、小沢一郎・民主党代表の政治資金管理団体「陸山会」への不正献金疑惑が浮上し、小沢代表の公設秘書が逮捕される大事件に発展した。二〇〇九年三月のことだ。検察による強制捜査に対し、小沢潰しを意図した「国策捜査だ」との批判も広がったが、小沢氏は五月に民主党代表を辞任。後任の代表に鳩山由紀夫氏が選出された。これにより民主党の支持率は回復し、そのまま解散総選挙へとなだれ込んでいった。

その頃、分裂状態が続く群馬の民主党は水面下での暗闘を繰り広げていた。総選挙の公認候補選定をめぐり、労組系と保守系が互いに一歩も譲らず、激しく対立していた。結局、群馬一区は宮崎岳志氏、二区は現職の石関貴史氏、三区は柿沼正明氏といずれも非労組系が民主党の公認候補となった。五区は前回と同様、候補を擁立せず、社民党に譲ることになった。

最後の最後まで揉めたのが、高崎市などを選挙区とする四区だった。中島氏の公認を労組系が拒み、結局、小沢ガールズの一人である三宅雪子氏が落下傘候補として群馬四区から出馬することになった。代表代行として候補者選びの実権を握った小沢氏のアイデアだったという。三宅雪子氏は労働大臣を務めた自民党の大物政治家、石田博英氏の孫だった。その石田氏の政策秘書となって政治の道を歩み始めたのが、若き日の中島氏であった。

こうして中島氏は群馬四区からの出馬を断念し、押し出される格好で北関東ブロックの比例区に回った。比例区単独の候補でありながら名簿順位は最下位に近かった。

二〇〇九年八月三〇日に政権選択の総選挙が投開票された。民主党が三〇八議席を獲得する歴史的な大勝利を果たし、念願だった政権交代を現実のものとした。民主党の掲げた「コンクリートから人へ」とのキャッチフレーズが有権者の心を見事に捉え、さらに自民党に対する嫌悪や不信感が民主党への追い風となったといわれている。

民主党は「自民党王国」群馬においても圧勝した。小選挙区は一区から三区まで民主党公認候補が勝利し、四区は比例で復活当選、そのうえ単独比例でも二名の県内候補が当選し、民主党衆議院議員がいっぺんに六人も誕生した。そのなかの一人に単独比例で出馬した中島政希さんがいた。中島さんは県議選で二回、高崎市長選で一回、さらに、衆院選で三回の落選を重ねた末の初当選で、五六歳になっていた。

政権選択選挙を制した民主党の公約の柱は「国民の生活が第一」というものだった。そのためにすべての予算を組み替え、子育て・教育、年金・医療、雇用・経済などに、税金を集中的に使うと主張した。税金の無駄遣いを根絶し、国民生活の立て直しに使うという考え方であった。それが「コンクリートから人へ」というキャッチフレーズとなって示されたのである。また、中央集権から地域主権、官僚主導から政治主導というのも民主党の金看板となった。民主党のこうした主張に異を唱える人は少ない。だからこそ、総選挙で民主党が勝利したとも言えるのだが、問題は各論である。とりわけ、どれが無駄遣いの公共事業かという個別具体的な議論が重要だ。

実は、この点に全国各地を取材して回る記者として強い疑問を抱かざるを得なかった。必要性や妥当性に問題を抱える公共事業は、それこそ日本中に存在する。ダムはもちろん、道路や橋梁、空港や港湾、整備新幹線や土地改良事業など、日本社会はむしろ、地域住民にとって必要不可欠で無駄の少ない効率的な公共事業を探すことの方が難しい。そのため、無駄な事業ではないかと異議を申し立てる住民はどの地域にも存在するが、地元の民主党がそうした住民とともに声をあげ、何らかの行動に出ているという事例はきわめて少ない。それどころか、住民に無駄を指摘される事業を積極的に推進する側に立ち、異議申し立てを無視したり、潰しにかかるケースさえある。総論と各論、そして、永田町での主張と地元での主張に大きな齟齬が存在するのである。つまり、二枚の舌を巧妙に使い分けているのである。そして、そういうことが平然とできてこそ、政治家だと主張する人さえいるのである。

実際、民主党が政権選択選挙のマニフェストで中止を明記したのは、川辺川ダムと八ッ場ダムのみで、あとは「時代に合わない国の大型直轄事業は全面的に見直す」との総論にとどまっていた。このため、選挙戦でも民主党候補の多くが地元の公共事業に関しては推進を表明していた。なかにはこんな奇妙な事例さえあった。

政権選択総選挙の投開票日の前日（二〇〇九年八月二九日）のことだった。夜六時半すぎ、場所は茨城県水戸市内のＪＲ駅前。薄暮の中、有権者が三々五々集まり、街頭演説が始まった。地元水戸の市議たちが応援のマイクを握った。それもなぜか自民党と民主党の面々だった。政権をめぐって命がけの戦いを展開中の与野党の地方議員が、なぜ、同じマイクを交互にもって応援演説を行うのか。「そんなことはありえない」と不審に思うかもしれないが、地元茨城ではこうした光景がごく自然なものとして受け止められていた。与野党が激しく火花を散らして政権選択を問う衆議院選挙ではなく、同日選挙となった茨城県知事選の街頭演説だったからだ。地方選挙では国政での激突をよそに、自民党市議と民主党市議が仲良く呉越同舟を決め込んでいた。自民党市議がこう口火を切った。「茨城県政を変えなければならない。変えられるのは、県政を熟知する橋本知事だ」。

続いてマイクを握った民主党市議がこう呼応した。「保革を問わず橋本知事を推薦した。一六年間やってきてスキャンダルが全くなかった。その手腕を高く評価している」。

選挙戦最終日の最終局面だった。司会役を務めた自民党市議がこう話しをつなげていった。「水戸市議会は橋本知事ならば、ということで保革が一本化した。これまで保革一本化なんて水戸市議会ではなかったことだ」。

総選挙と同日選挙になった茨城県知事選の争点は、多選の是非であった。現職の橋本昌知事は旧自治省出身の官僚知事。自民党の推薦で、それまでの四回の知事選を難なく勝ち抜いてきた。しかし、その最大の後ろ盾であった自民党県連が「四期一六年の県政は独断のマンネリズム」と断じ、国土交通省の元事務次官を知事候補に擁立した。「チェンジ茨城」といった旗印を掲げ、自民党県議団がその下に結集した。県政のドンと呼ばれていた自民党の長老県議（一四期）が差配した。

最大の支援組織に三行半を叩きつけられた現職知事。その去就が注目されたが、県内の自民党系の市町村長や市町村議、さらには自民党に反旗を翻した県医師政治連盟などの後押しを受け、五選出馬を決意した。キャッチフレーズは「生活大県にチャレンジ」だった。四期一六年間務めた後にチャレンジとは、それまで一体何をしてきたのかと、問わずにはいられない。しかし、陣営は選挙戦で臆面もなく、チャレンジを連呼した。

こうして「チェンジ」と「チャレンジ」に自民党が分裂し、政権選択を問う国政選挙とは全く異質な戦いが茨城県内で展開された。もちろん、分裂した二つの保守陣営の政策に違いなどあるはずもなかった。国政レベルで争点となった大型公共事業についてのスタンスは変わらず、八ッ場ダムや霞ケ浦導水事業、茨城空港なども共に推進であった。自民党の支持団体である農協や土地改良団体など各種業界団体も、現職と自民党推薦の新人候補に分裂して争う事態となった。つまり、既得権益をもつ権力組織の内部抗争となり、一般県民は蚊帳の外に置かれた状態であった。

茨城県知事選は、現職の圧勝に終わった。自民党推薦の新人にダブルスコア以上の大差をつけ、五選を果たしたのである。この勝利に貢献したひとつに独自候補を立てなかった民主党の存在が挙げられる。民主党は最大の支援組織である連合茨城がいち早く現職推薦を決めたため、不戦敗の道を選んでいた。どの候補にも推薦や支持を出さず、自主投票としたのである。だが、民主党所属の地方議員の多くが連合茨城に従って現職側についたため、実質的には党として現職を支援する形となった。国政選挙で大型公共事業の見直しや脱官僚依存、地域主権といった訴えを懸命にしながら、知事選ではそれらに口を閉ざし、自民党系と仲良く手を結んだのだ。力のある現職首長側に擦り寄り、相乗りする癒着体質である。民主党が国政レベルでどんなに「既得権益にメスを入れ、諸々のしがらみを断ち切る」と主張しても、地域の既得権益にどっぷりと浸かっている地方組織の姿を見せつけられると、説得力はないに等しい。

民主党は二〇〇九年夏の政権選択総選挙で、念願の政権交代を実現させた。しかし、それは国政レベルでの権力交代にすぎず、地方政治の刷新とは無縁であった。つまり、国政と地方政治との間にねじれ現象が生まれていた。さらに、民主党が総選挙で掲げたマニフェストの実現可能性である。悲しいかな、マニフェストを実現させる力量と熱意、戦略、覚悟や本気度などを伴ったものとは言い難かった。それどころか、選挙戦術のひとつとして、心地よく耳触りの良いマニフェストがとりあえず掲げられたという面もあったのではないか。

第三章　八ッ場ダム復活の真相

満水直前の八ッ場ダム（2019 年
10 月 14 日、渡辺洋子さん撮影）

準備なしの中止宣言で墓穴を掘る

民主党の歴史的大勝利に日本中が大騒ぎとなった。なかでも衝撃を隠せなかったのが、霞が関の住人たちだった。「コンクリートから人へ」や「官依存からの脱却」を掲げた民主党の政権奪取に、中央官庁の官僚たちは戦々恐々となった。その総選挙からわずか四日後の二〇〇九年九月三日、国土交通省の谷口博昭事務次官が予定していた八ッ場ダムの本体工事の入札を延期することを表明した。記者会見の場で谷口次官は、「新しい大臣に治水、利水についての八ッ場ダムの必要性や事業の経緯、地元の状況や地元の知事・首長らの意見を説明させていただき、しっかりと適切な判断をいただいて対応したい」と述べ、新政権の国交大臣にダム建設の是非についての最終判断を委ねるための入札延期であることを強調した。

一方、地元の八ッ場ダム推進派はいち早く、戦線の立て直しに動き出していた。民主党政権発足前の九月一〇日、群馬県の自民党国会議員や県会議員らが発起人となり、「八ッ場ダム推進吾妻住民協議会」を結成した。協議会の代表者に八ッ場ダム水没関係五地区連合対策委員会の萩原昭朗委員長が就任し、さっそく自治会や周辺自治体を巻き込んで建設推進を求める大掛かりな署名集めを開始した。こうして地元はダム建設推進を求める声で覆いつくされるようになった。

とはいえ、地元の人たちの思いはそう単純ではなく、実際は何が何でもダム推進という人たちばかりではなかったようだ。しかし、全ての住民に共通する思いは間違いなくあった。それは、自分たちを長年、翻弄してきた政治や行政全般に対する憤りと不信感である。その怒りの矛先が、建設中止を掲げた民主党新政権に集まることになった。いや、そうなるように誘導する人たちがいたとみるべきだろう。それは一体、誰か。何が何でもダム建設を主張する、本当のダム推進派の人たちだ。国交省のダム官僚であり、ダム業者らである。地元住民はむしろ、彼らによって建設推進の最前線に押し出された感もあった。

地元群馬では協議会が取り組む署名集めと並行するように、翌年の参議院選挙に向けた活動が早くも活発化していた。「参議院選挙で自民党が勝てば、状況はひっくり返る」との見方が急速に広がっていた。ダム推進派は民主党政権の誕生に意気消沈するどころか、むしろ、闘志満々であった。すでに次の決戦の場を見据え、反転攻勢に全精力を傾けていたのである。

二〇〇九年九月一六日、鳩山内閣が正式に発足し、注目の国交大臣に前原誠司氏が就任した。また、岡田克也幹事長が外相として入閣し、そのあとを代表代行だった小沢一郎氏が引き継ぎ、民主党の幹事長となった。内閣の外から政権政党の最高実力者が剛腕を振るうことになった。さらに、民主党政権は当初、政策決定のプロセスを内閣に一元化することを狙って党の政策調査会を廃止した。政策決定の権限を政務三役（大臣と副大臣、それに政務官）に集中させたのである。自民党政権下で隠然たる影響力を発揮するようになった、いわゆる族議員の跳梁跋扈《ちょうりょうばっこ》を防ぐことを意図したという。しかし、党の政策調査会を廃止したことにより、政務三役は多忙を極めるようになり、その一方で、それ以外の与党議員は特定の政策課題について意見を述べたり、働きかけなどをする場、機会を次第に喪失していった。

政権交代の決め手となった民主党のキャッチフレーズといえば、間違いなく「コンクリートから人へ」だった。無駄な公共事業を徹底的に見直して、税金を地域・住民のためにより効果的に使おうという考え方を示したもので、「コンクリートか人か」という意味ではない。その主戦場となる国交省に前原大臣が着任し、副大臣に馬淵澄夫氏と辻元清美氏、政務官に三日月大造氏ら三人が選ばれた。多くの国民の期待が彼らに集まった。そして同時に、地元の厳しい視線も彼らに注がれた。

前原大臣は着任早々の記者会見で、八ッ場ダムと川辺川ダムの中止を言明し、全国で進行中の他のダム事業の見直しを表明した。その際、「マニフェストに書いてあることなので中止します」とあっさり語り、八ッ場ダム建設推進派から激しい怒りを買った。もちろん、それは当然の反応といえたが、前原発言には八ッ場ダム建設反対派からも疑問の声があがった。ダム事業に翻弄され続けて来た地元住民への配慮が少しも感じられなかったからだ。地元群馬の民主党県連代表代行を務め、マニフェストに八ッ場ダム中止を盛り込むことに動いた中島政希衆議院議員は、その時に抱いた危惧の念を前出の著書(『崩壊　マニフェスト』)にこう記している(九七頁)。

「私は、前原大臣が八ッ場ダム中止を明言したことに大いに感銘を覚えた一方、その直截すぎる表現にはかなりの危惧を覚えずにはいられなかった。彼はそれまで八ッ場ダムを訪れた経験もなかったのでなおさらそう感じた。なぜなら大きな公共事業には過去の行きがかりと多くの利害関係者がいる。これがアメリカ型のトップダウン式の政治決定文化の国ならいざ知らず、日本は、独自の意思を持ち時代を超えて生き続ける政治的生命体ともいうべき官僚統治の構造にある。それが政権交代したとはいえ、大臣の一言で、簡単に方向転換するとは到底思えなかった」

現場に立脚した政治家の誰しもが、そう考えるはずだ。生身の人間を対象とする行政は理屈通りに進められるものではなく、正論がすんなり受け入れられるほど、単純明快な世界でもない。地元群馬で県営倉渕ダムの反対運動に関わり、建設中止を実現させた経験のある中島氏は、さらにこう指摘した。

「政治決定についての日本の政治文化や八ッ場ダムの複雑さを思えば、彼（前原大臣）はもう少し表現も、発言の場所も、慎重に考慮すべきだった。（略）行政の長として、全く中立とはいかないまでも賛否の間に立つ調整者、調停者としての立場を維持するということだ。これは倉渕ダム中止の時に小寺知事がとったスタンスだ」

八ッ場ダム問題のその後の展開は、危惧した通りとなった。

前原大臣は九月二三日に八ッ場ダム建設予定地を初めて視察し、現地で群馬県の大沢正明知事や地元町長らと面談した（『上毛新聞』二〇〇九年九月二四日）。その場で大沢知事から「中止方針を白紙に戻し、今後のダム事業を協議する場を速やかに設置することを要望する」と伝えられると、前原大臣は「中止という考え方を白紙に戻すことは考えていない。マニフェストに掲げた一つとして約束を果たすのが責務」と答え、「一定の結論が出るまでは法律的な中止の手続きは進めない」として理解を求めた。前原大臣は「なるべくダムに頼らない治水対策をしたい」と、河川行政の転換を強調した。これに対し、大沢知事らは「承知できない」と強く反発し、逆に八ッ場ダムの早期完成を求めた。こうして新大臣と地元首長らの初面談はまったくの物別れに終わってしまった。

ところで、前原大臣は地元首長との面談の場で、地元住民に対して「三代にわたってダム事業に翻弄されたうえ、さらに政策変更で苦労や迷惑をかけていることを率直におわびしたい」と陳謝の言葉を述べた。そして、着任早々に中止表明したことに批判が噴出したことを意識してか、「配慮に欠けていた面があった」と、率直に自らの非を認めた。実は、前原大臣は首長らとの面談の後、地元住民との意見交換を希望していたのだが、住民らに参加を拒否され、意見交換会はあえなく中止となっていた。その代わりというべきか、地元住民の代表六人が首長との面談を終えた前原大臣の前に姿を現し、こんなコメントを読み上げた。

「私たちは、心の底から前原国土交通大臣と対話をしたいと思っております。しかし、一議員としてではなく、大臣になられたあなたが〝八ッ場ダム中止〟を明言され、その上で私たち地元住民と対話に来られても、そのテーブルに着くことさえ出来ません。五七年という長い年月、二代三代にわたって翻弄され続けた私たちの気持ちを察して頂けるのであれば、まず、〝ダム中止〟の御旗をおろして来て下さい」

コメントを淡々と読み上げたのは、八ッ場ダム水没関係五地区連合対策委員会の萩原昭朗委員長だった。萩原氏は、建設推進の署名集めを展開した「八ッ場ダム推進吾妻住民協議会」の会長でもある。前原大臣の目の前に立ってコメントを読み上げた萩原委員長は、さらにこう続けた。

「このダムが無駄遣いとか、意味のないものだとか皆さんが議論されていることは、私たちにとっては関係ないことなんです。それなのに、この騒動に巻き込まれてしまい、国対地元の構図になっている現状がそもそも間違いなんです。その間違いを起こしたのが民主党であり大臣なのです。この地で生活をしていない反対活動家の話だけをうのみにしてマニフェストに載せたこと自体が失敗なんです」

確かに、数十年前に「国のため、下流域のため」と拝み倒されてダム計画を無理やり承諾させられた地元民にとって、今頃になってそのダム計画が無駄で意味がないと言われても、自分たちには与《あずか》り知らぬこととしか言いようがないだろう。そして、おそらく彼らも八ッ場ダム計画がいわれてきたほど意味があるものではないのではと、薄々感じていたのではないだろうか。なにしろ八ッ場ダムの建設が数十年も遅れながら、計画時にあれほど危惧されていた洪水や渇水が現実には防げていたからだ。八ッ場ダムなしの状況が延々、続きながら、流域は大きな災厄を免れている。そうした事実があるからこそ、ダム計画によって言い尽くせないほどの犠牲を強いられている地元住民は、「無駄ではない、意味ある事業だ」と主張せず、あえて「無駄遣いとか、意味のないものだとの議論は私たちには関係のないこと」と、突っぱねたのではないか。そんな地元の人たちが繰り返される八ッ場ダム事業騒動に、迷惑このうえないと怒りに震えるのも、至極当然なことである。

だが、そうした騒動を引き起こしたのは、はたして彼らが指摘するように民主党であり、大臣なのだろうか。事実は明らかに異なる。そもそもの問題を引き起こしたのは、八ッ場ダム計画を立案した時から状況が大きく変化し、ダムの必要性が乏しくなったにもかかわらず、計画を強引に実行に移した国（国土交通省）であり、その政策を見直さずに推進し続けてきた自民党政権に他ならず、混迷の責任は前政権にある。犠牲を強いられている地元住民のために、あえて無駄が多くて意味のあまりない八ッ場ダム事業を継続させるのではなく、地元住民に心からの謝罪と十分な補償をしたうえで、八ッ場ダム事業を止めることこそが、国の取るべき道ではないか。自民党政権の失政の尻ぬぐいに着手した民主党政権に怒りの矛先を向けるのは、どう考えても道理に合わない。しかし、これまで長らくダム事業に翻弄され続けてきた地元住民らが、怒りをぶつけてしまうのも、これもまた無理からぬことだ。

萩原委員長が読み上げたコメントはこう締めくくられていた。

「今回やむを得ず、住民としては意見交換会に欠席するときめましたが、私たち住民は決して大臣と話しがしたくないわけではありません。むしろこのような心の叫びを聞いてもらいたいという気持ちでいっぱいなんです。しかし、町から大臣に〝白紙の状態での意見交換を〟と要請しましたが、大臣は〝中止する方針は変わりません〟というコメントを出されましたので、残念ながら私たちは今回の意見交換会に出席することは出来なくなりました」

民主党新政権は地元住民の心や思いに寄り添わず、強引に物事をすすめようとした。そうした初動段階での傲慢さによるミスが後々、大きく響くことになった。地元住民と信頼関係を築く機会をみすみす逸し、本音の話し合いができないまま時間ばかりが経過していったのである。しかし、そうした膠着状態は建設中止をなんとしても阻止したい側にとっては、間違いなく願ってもないことだった。

八ッ場ダム建設推進派も現地を競うように訪れ、地元有力者らと意見交換を重ねた。メディアもそうした場面を深掘せずに取材し、事象をそのまま発信した。

前原大臣が視察した翌日（九月二四日）、「八ッ場ダム推進議員連盟一都五県の会」に所属する群馬県議と地元選出の佐田玄一郎衆議院議員（県内大手ゼネコン・佐田建設のオーナー一族）らが長野原町を訪れ、建設中止の白紙撤回を訴えた。また、一〇月二日には自民党の谷垣禎一総裁がダム予定地を視察し、九日には埼玉県議が大挙して現地を訪れ、推進議連の群馬県議らと活発に意見交換した。関係都県の知事や県議などから建設中止への抗議の声が次々にあがり、強まる一方となった。建設推進派が猛烈な巻き返しに出たのである。そのピークが一〇月一九日の六都県知事による現地視察だった。六都県の知事が八ッ場ダム予定地を訪れて地元代表らと意見交換を行い、その直後に、建設中止の撤回を求める共同声明を発表したのである。政権交代後、初の論戦の場となる臨時国会の召集（一〇月二六日）を目前にし、八ッ場ダムをめぐる攻防が激化していった。しかし、国民やメディアの関心は八ッ場ダム以外に向けられるようになり、同時にダム中止宣言を行った民主党政権の稚拙さが明らかになっていった。

「国交省の三日月政務官と面会して〝ぜひとも公約通りに八ッ場ダムを中止してください〟と伝えました。こちらの話をしっかり聞いてくれましたが、少し頼りない感じがしました。頷きながら耳を傾けるだけで、まだ駆け出しの議員さんという印象でした。新鮮で清潔な感じもしましたが……」

こう語るのは、群馬県の関口茂樹県議。八ッ場ダム事業の問題点を早くから指摘し、保守王国・群馬で八ッ場ダム反対を明言する数少ない政治家である。

馬を乗りこなせない政治家たち

関口さんは所属する県議会の会派「リベラル群馬」の同僚議員とともに、国交省を訪れて三日月大造政務官と面会した。民主党政権発足間もない二〇〇九年の秋で、関係都県などから八ッ場ダム建設中止への猛烈な抗議が寄せられていた頃である。後藤新県議や角倉邦良県議らと一緒に、ダム事業などを担当する三日月政務官に八ッ場ダム事業の問題点を改めて説明し、中止の旗を降ろさぬようにネジを巻きに行ったのである。同行した後藤新県議はその時の様子をこう語った。

「三日月政務官に〝これだけの事業を方向転換するのは、並大抵のことではできませんよ〟と伝えました。そして、〝国交省の役人ときちんと議論して（彼らに）納得してもらわないとだめですよ。役人としっかり議論していますか？〟と尋ねてみました。ところが、政務官の説明は曖昧でして、どうも役人ときちんと議論していないように感じました」

自治省のキャリア官僚だった後藤県議は、三日月政務官との面会で不安を感じたという。

そして、こんな持論を元にこう解説した。

「役人というのは馬にたとえることができると思います。その馬を動かす騎手は政治家です。しかし、馬というのはバカではありません。乗り手の力量などを判断します。それで言うことを聞かなくなったりするんです。つまり、騎手がいかにうまく馬を使うかが重要です。役人もそれと同じだと思いますが、民主党（の政治家）から役人の心が離れてしまっていたように感じました」

同時期にダム問題に精通する「水源開発問題全国連絡会」の嶋津暉之代表も国交省の三日月政務官に面会していた。民主党側から嶋津さんの元に連絡が入り、国会図書館の議員用スペースに呼び出されたという。嶋津さんは人目につかない場所で、三日月政務官に八ッ場ダム等のダム事業が不要であることを詳しくレクチャーした。面談時間は予定では一時間だったが、多忙によるためか三日月政務官が遅れ、三〇分ほどとなってしまった。それにしてもこの時期になって初めて嶋津さんに接触してくるというのは、準備不足との誹りは免れない。

実は、嶋津さんのほかにもう一人、ダム問題に精通する人物が同時期に民主党側から面会を求められていた。

「知り合いから〝前原大臣が会いたいといっている〟との電話が入りまして、直接、お会いすることになりました」

こう語るのは、国土交通省で河川行政を専門とした元キャリア官僚の宮本博司さんだ。かつて〝ダム屋のエース〟とまで呼ばれた宮本さんは、技官として全国のダム建設に深くかかわった、事業主体の当事者の一人であった。しかし、宮本さんはある時期からダム建設一本やりの治水政策に疑問を抱くようになった。まともな議論をせず、誤魔化しを重ねてダムを造り続ける河川行政ではたしてよいのだろうかと、深く悩み考えるようになったのである。そして、国交省のキャリア技官でありながら硬直した河川行政の転換を主張するようになり、それを実践していた。近畿地方の淀川水系の河川整備計画策定に際し、ダム推進派以外の学識者などもメンバーに加えた「淀川流域委員会」を設置し、公正中立な治水政策の立案に尽力したのである。

ダム官僚の異端児として広く知られるようになった宮本さんはその後、国土交通省を退官、一民間人の立場で河川行政のあり方について持論を発信し続けていた。ダム絶対ありきでも、ダム絶対ノーでもない、合理的で、かつ住民が納得する治水対策を住民と共に確立することを求める中立的なオピニオンとして異彩を放っている。そんな宮本さんは前原大臣とも面識があった。政権交代前の二〇〇八年秋に京都で水に関するシンポジウムが開催され、ともにパネラーとして参加していた。シンポジウムには滋賀県の嘉田由紀子知事や京都府の山田啓二知事なども参加し、河川行政の転換についての話で大いに盛り上がったという。

知人から連絡を受けた宮本さんは早速、前原大臣側とコンタクトをとった。そして、永田町の議員会館で前原大臣と面会することになった。京都在住の宮本さんは新幹線に乗り、一人で東京まで足を運んだ。前原大臣が八ッ場ダム建設予定地を視察し、地元住民から手痛い歓迎を受けた後のことだ。

宮本さんは前原大臣から河川整備（治水）の進め方をどうすべきかについて意見を求められた。個別のダム問題、つまり、八ッ場ダム事業をどうすべきかという問いかけではなかったという。宮本さんは持論を開陳し、面会は一時間ほどに及んだ。宮本さんの前原大臣への進言はこんな内容だった。

八ッ場ダムに限らず、全国各地の河川整備に関する議論は、行政が住民の意見を聞かずに強引に進めているものばかりだ。住民などからの疑問や批判に行政側がきちんと答えず、誤魔化したり、情報を隠したり、逃げたりしている。それでどこも（ダム是非の）議論がまったくかみ合わず、まともな話し合いになっていない。まずは治水対策をどのように進めるかの議論をまともなものにしないといけない。そこが一番の問題で、国が治水対策の議論を噛み合うものにする何らかの仕組みを作る必要がある。つまり、事業主体（国や地方自治体など）が住民にきちんと説明しているかどうかを審査するような委員会が必要だ。委員会のメンバーは何も河川工学の専門家でなくてもよいと思う。例えば、事業主体が住民との話し合いを逃げたり、誤魔化したり、情報を隠したりしたら、委員会がイエローカードを出す。それでも事業主体の姿勢が直らなかったら、レッドカードとなり、事業主体が説明責任を果たせなかったということで、その事業を中止させる。とにかく噛み合う議論をきちんとやったうえで、ダムがいるならつくる、いらないならつくらないということになる。個々のダムについての是非も大事だが、むしろ、意思決定の仕組みをしっかりつくることが大事ではないか。

宮本さんがイメージしていたのは、個別の治水対策を「御用学者」以外も交えて公開の場で徹底的に議論して決めていった「淀川流域委員会」や群馬の倉渕ダムでの「公開討論会」などではないだろうか。事業主体が全ての情報を開示し、様々な意見を持つ人たちを集めて公開の場で議論を重ね、そのうえでダムありなしを決定するという意思決定プロセスをチェックする国の委員会の新設である。宮本さんのこうした進言を真剣な表情で聞いていた前原大臣は「わかりました。これは明快だ。やりましょう。やります。委員会に宮本さん、是非、入ってください」と、力強く答えたという。この言葉を聞き、宮本さんはわざわざ東京まで出て来たかいがあったと喜んだ。宮本さんは「了解しました」と快諾し、さらに前原大臣にある学者を委員会メンバーに推薦し、帰京の途についた。しかし、その後、事態は宮本さんが思いもしなかった方向へと進んでいった。

ところで、政権交代直後のこの頃、八ッ場ダムの建設中止に反対する人たちは三つの理由をあげ、中止の撤回を求めた。いずれも虚偽と誤魔化し、すり替えのフェイク論でしかなかった。

その一つは、「八ッ場ダムはすでに七割まで建設が進んでいるので、中止するのはかえって税

川原湯共同湯・王湯の解体後、浴槽が残されている。背後にやまきぼし旅館の建物（2016 年 12 月 12 日渡辺洋子さん撮影）

金の無駄使いになる」との主張だ。実は、この進捗率七割というのが食わせ物だった。七割という数値は工事の進捗率ではなく、事業費の執行率を示したものだった。八ッ場ダムの総事業費（当時）は四六〇〇億円で、このうちの七割を二〇〇八年度までに使ってしまったということに過ぎない。七割も使いながらダム本体の工事は未着手で、残りの事業費一三八〇億円ではとうてい賄いきれない状況にあった。つまり、事業費がかかる一方で、肝心のダム工事そのものは遅々として進んでいなかった。このまま事業を継続したら、最終的にどれだけ建設費が膨らむのかさえ分からないのが、実態だった。だからこそ、止めるなら今のうちなのである。ところが、事業費ベースでの進捗率という重要な情報を隠し、あたかも工事が七割まで進んでいるかのような情報を流していたのである。これにより多くの人が「ここまで出来ているのなら、完成させた方がよいだろう」と、思ってしまったのである。本来ならば、中止の論拠となるものを中止撤回の論拠にすり替えたのである。

二つ目のフェイク理由が、「途中で中止する場合、国は五都県がこれまでに支出した負担金一四六〇億円を返還しなければならない。さらに残りの生活再建事業費七七〇億円を合わせると総額二二三〇億円となり、継続した場合の一三八〇億円よりも高くつく」というものだ。事業主体の国土交通省の主張であるが、ここにも嘘と誤魔化しを巧妙に紛れ込ませていた。五都県の負担金一四六〇億円には国の補助金が含まれており、その分を除いた国の返還額は八九〇億円となる。フェイクはそれだけでない。前述したように、ダム事業を継続した場合の国の残りの負担額が計画通りの一三八〇億円で済むはずはなく、事業を継続した方が安上がりというのは、全く根拠のない勝手なソロバン勘定にすぎなかった。

ダム推進派がしきりに喧伝した三つ目のフェイク理由は、「ダムを中止した場合、地元への財政支援はなくなり、地域は切り捨てられてしまう」というものだ。住民の不安を煽るもので、むしろ、恫喝に近い。しかし、こんな乱暴な話を真に受けてしまう人たちも少なくない。そもそも民主党政権は八ッ場ダム建設中止の前提として、地元の生活再建策を講じることを掲げている。本体工事未着工のダム建設を中止し、なにもせずに引き上げるということはあり得ないし、許されるはずもない。そのような暴挙を行ったら、次の選挙で手痛いしっぺ返しを得るのが必至であるからだ。

こうしたダム推進派がしきりに喧伝した中止反対の三つのフェイク理由は、地元のみならず、国民の間にも広く浸透していった。渡辺（旧姓清澤）洋子さんは著書『八ッ場ダム　過去、現在、そして未来』（嶋津暉之氏との共著、一九頁、岩波書店、二〇一一年）の中でこう指摘している。前橋市に在住する渡辺さんは二〇〇二年から「八ッ場ダムを考える会」の事務局を担い、その後、「八ッ場あしたの会」の事務局長を務める。現地を幾度となく訪ねている渡辺さんは地元住民との交流も深めている。穏やかで温かな雰囲気の人で、従来型のダム反対運動家とは違った。

「半世紀余りのダム計画の中で、水没予定地の人々は国の非情さや他人の無関心を骨身にしみて感じてきた。〝住民の側からダム中止を受け入れると言えば、地元は切り捨てられるに違いない〟〝水没予定地の住民の犠牲を何とも思ってこなかった都会の人たちが、ダムが中止になった後の地元支援に税金を投じることに同意するわけがないでしょう〟。

大臣の中止言明に対して先行きに強い不安を抱くこうした地元の声は、ダム行政のこれまでのあり方に大きな問題があったことを示唆しているのではないだろうか。

八ッ場ダム計画においては、地元住民と下流域の都市住民が常に対立の構図に落とし込まれてきた。地元住民はダム計画の被害者であり、その原因はダムによる恩恵を受ける都市住民にあるとされてきた。ところがダム中止の可能性が出てくると、今度は被害者であるはずの地元住民がダムの推進を望み、受益者であるはずの都市住民がダム中止の政策を歓迎するという、これまでとは違う形の対立の構図がさかんに報道されるようになった。こうして状況は、水没予定地から見れば都市住民の二重のエゴと映る。かつて、水没予定地の悲劇に無関心であった都市住民が、今度は自らの利益のためにダムの中止を要望するとは、あまりに身勝手だというわけである。

しかし、こうした対立は事実に基づいたものではない。ダムの〝受益者〟という捉え方には問題がある。また、現在、八ッ場ダム計画の中止を求めている人々は、地元の人々の生活をないがしろにしてよいと思っているわけではない」

渡辺さんは地元住民と下流域の都市住民の対立がつくられ、煽られ、固定化されてしまったものだと指摘する。そして、八ッ場ダム事業の最大の受益者は、地元住民でもなければ、下流域の都市住民でもないことも鋭く見抜いている。確かに、地元も下流もダムの受益ではなく、ともに負担を強いられる立場でしかない。八ッ場ダム事業の中止は新たな負担を取り除くためのもので、それを推し進めようとする民主党政権が地元住民に敵視されるのは筋違いだ。新政権と対立関係にあったのは、ダム建設にともなう諸々の利益を得る者たちしかいない。だが、彼らは地元住民たちをうまく利用し、その陰に身を隠しているのである。

就任直後に行った中止表明により、前原大臣は地元住民との話し合いすらできずにいた。意見交換会の開催を地元に何度も申し入れながら、「中止ありきでは会えない」と拒否され続けていた。世論は地元住民に同情的だった。こうしたことから、住民との直接対話をいかにして実現させるかが、民主党政権の最重要課題のようになっていった。政務官が使命を帯び、地元の有力者の元に足を運ぶようになった。そして、彼らを刺激しないようにとの考えで、ダム反対派との接触をますます避けるようになった。直接対話をめぐる交渉の主導権は地元側が完全に掌握することになり、彼らはこれまで通りの生活再建事業を予算案に盛り込むことなどを開催条件として、民主党政権に突き付けるようになった。それらは、事実上、ダム建設を前提とした生活再建事業であった。

前原国交大臣は一〇月二七日に開かれた関東地方知事会に出席し、全国のダム事業を検証する手順と判断基準をきめる有識者会議の設立を明らかにした。先述した宮本提案の具体化を初めて表明したのである。そして、一一月二〇日に「今後の治水対策のあり方に関する有識者会議」（以下、有識者会議）の発足とそのメンバー、検証スケジュールなどを正式に発表した。八ッ場ダムを含む全国一四三ダムの検証の手順と判断基準について議論する、大臣の私的諮問会議である。前原大臣は「八ッ場ダムの中止方針は変えないものの、全国のダム見直しの基準をつくって八ッ場ダムの必要性も再検証する」と表明した。つまり、公共事業見直しの象徴として中止を宣言した八ッ場ダムを、全国の他のダム事業と同様に再検証の対象にするという方針転換の表明だった。

ダム官僚の思う壺となった有識者会議

「私もメンバーに入るものと考えていましたので、〝あれっ〟と思いました。しかもメンバーをみたら、従来と同じ様な人たちです。それで〝なんやねん〟と強く思いました」

憤懣やるかたなしといった表情で語るのは、前原大臣に委員会の設置を進言した宮本博司さんだ。

新たに設置された有識者会議のメンバーは、座長の中川博次京都大学名誉教授以下、九人の大学教授らだった。これまでと同じようなメンバーばかりで、ダム懐疑派はもちろん、中立的な立場の人も少なかった。宮本さんや嶋津さん、大熊孝新潟大学名誉教授、今本博健京都大学名誉教授といったダム事情に詳しい専門家はすべて排除されていた。新たな委員会設置を提案した際に前原大臣からメンバー入りを要請され、その場で快諾した宮本さんは、自分の名前のないメンバー表を見ながらこんな話を打ち明けてくれた。

「有識者会議の発足後、前原さんにメールで（なぜ、自分が入っていないのか）問い合わせしましたて、何度もやり取りしました。彼の言葉の中でひとつだけ鮮明に覚えているのは〝私を信用してください〟というものです。前原さんは八ッ場も自分が中止するといえば、中止できると思っていたようです」

ではなぜ、宮本さんはメンバーから外されてしまったのか。宮本さんは一人の学者を前原大臣に推薦した。その学者はメンバーに入ったが、その学者がどうやら「宮本さんはダム反対派とみられているから、メンバーに加えない方が良い」と前原大臣に進言したらしい。しかも、その学者が有識者会議の中心メンバーとなり、議論をリードしていったというのである。他のメンバーの人選は国交省の役人が行い、自分たちに都合の良い人たちを集めたようだ。そうした作業は彼らにとってお手の物だった。頼るべき相手を間違えるほど、視野狭窄な人たちが権力を握ってしまっていたようだ。

有識者会議のメンバーをみて不安を感じた人たちが民主党内にもいた。とくに地元群馬の民主党の人たちは、びっくり仰天したという。中島政希衆議院議員は当時をこう振り返る。

「私たちはダム中止への方針が徐々に後退しているのではないかと憂慮していたが、前原大臣にはそういう意識は全くなく、終始意気軒高だった。これは何とも意外なことだった。

私たちが、有識者会議の人選について懸念を伝えても、彼（前原大臣）は〝形の上で検証するが、八ッ場ダムは政治マターであり、中止することで中川座長ともしっかり話ができているから大丈夫〟と、強気そのものだった。この時一人でも二人でも、ダム反対派あるいは懐疑派を入れておけば、その後の展開は大きく異なっていただろう。有識者会議の人選から見て取れるのは、河川官僚の狡知に対して、前原氏ら政務三役の自信過剰と状況認識の甘さだった」

民主党群馬県連は一一月一一日に前原大臣と面会し、ダム中止後の生活再建策を提言していた。ダム中止を前提とした具体的な政策提言であったが、その後、大臣以下政務三役から中島さんらの元に質問や照会など一切なく、真剣に検討された形跡はないという。当時、前原大臣らは地元の推進派を刺激しないためと称して、ダム反対派との接触を避けるようになっていた。なかには地元の推進派に迎合するものまでいた。中島さんは自著の中でこう怒りをぶちまけた。

「彼らは〝ダム建設を前提〟とする生活関連事業を推進しようとする県や関係者の意見には耳を傾けていたが、群馬県選出の自党の国会議員の意見を、公式に、また真剣に聞く姿勢を持たなかった。それを彼らが〝中止実現〟のための戦術的対応だったと言うとすれば、それは推進勢力への過度の迎合であり、失敗の原因だったことはその後の事実が証明している」

有識者会議の顔ぶれを知り、不安に駆られて前原大臣の元を訪れた民主党国会議員は他にもいた。超党派で組織する「公共事業チェック議員の会」の松野信夫会長（参議院熊本県選挙区選出）と大河原雅子事務局長（参議院東京都選挙区選出）の二人だ。ダム問題に精通する二人が一一月二四日に前原大臣と面会し、「いいメンバーばかりではない。会の結論はダム中止とはならないのではないか」と、有識者会議への懸念を伝えた。すると、前原大臣は「八ッ場のことは私が一番、よくわかっています。私が最後に決断したら、ダムは中止できます。私を信じていただけませんか」と、自信満々だったという。

有識者会議の初会合が二〇〇九年一二月三日に開かれた。国交省の人選によって組織された有識者会議は、会の運営方式も従来通りとなった。非公開での密室会議となり、情報公開に後ろ向きの姿勢を堅持した。ダムありきの河川行政にお墨付きを与える役回りでしかなかった従来の審議会などと何ら変わらないお粗末な姿であった。これに危機感を抱いた「八ッ場あしたの会」などの市民団体が前原大臣宛てに会議の公開を求める要請書を提出したが、非公開の壁は除去されなかった。有識者会議が河川官僚のコントロール下にあることが、明らかとなった。民主党政権が掲げていた「政治主導」の看板は、すでに地に落ちていた。もちろん、「情報公開」というもう一つの看板もすっかり泥にまみれて汚れ切っていた。

こうして始まった有識者会議はメンバー以外の専門家にも意見を聞くことになった。その一人として治水行政の転換を主張してきた宮本博司さんの名前が浮上した。本来ならば委員として会合に加わっていたはずの宮本さんの元に、有識者会議での意見陳述の依頼が寄せられた。宮本さんは有識者会議の場で自説を存分に述べる意気込みだったが、その前に一点だけどうしても譲れないことがあった。それは、会合が非公開という点だった。そもそも治水対策（河川計画）は（住民に）隠すべきものではないというのが、宮本さんの考え方だった。逆に言うと、人の目に触れない場所でこっそり行う議論にろくなものはないという認識である。宮本さんは出席の条件として、「公開」を強く要求した。

しかし、有識者会議は「非公開」を頑として譲らず、結局、宮本さんの出席はなしとなった。宮本さんは、自分が前原大臣に進言した委員会とは全く異なるものにすり替えられてしまったことを痛感したのだった。宮本さんはこう振り返る。

「行政の力、官僚の力はもの凄いですから、（政治家は）自分たちの全てをかけて取り組まないといけないのですが、民主党の人たちは甘かった。私が提案したことも（実行するには）覚悟のいることだとの認識が（前原大臣には）なかった。最後は自分がやると思っていたようです。ところが、役人は（自分たちが計画した事業を進めるためには）いろんなことをやります。役人は民主党政権になった時、本当にびびってました。ところが、一カ月たち、二カ月たってすっかり安心しました。〝これはチョロイ〟と思ったんです」

何が何でも自分たちが計画したダムは造りたいというのが、河川ムラの論理である。そうした役所の論理と習性、体質を熟知したうえで、本当に必要なダムだけを造るべきと主張する宮本氏こそ、役所にとって最大の難敵であり、最も危険な人物であった。何が何でもダム反対ではないからだ。そのため、国交省側がかつての身内に「ダム反対派」という事実に反するレッテルを張り、ダム検証の場から遠ざける工作を必死になって続けたとみるべきだ。「非公開」を譲らなかったのも、そのひとつではなかったか。

非公開の場での意見表明を拒絶した宮本さんとは違った対応をとったのが、ダム事業を懐疑的に捉えている「水源開発問題全国連絡会」の嶋津暉之代表だった。嶋津さんの元にも国交省から有識者会議への出席要請が寄せられた。嶋津さんも非公開に猛反対したが、出席してダムありきの治水行政への反対を主張する道を選択した。嶋津さんは当時の思いをこう明かしてくれた。

「有識者会議のメンバーはダム推進の方ばかりで、いっても虚しいと思いましたが、伝えるべきことは伝えようと思って出席しました」

有識者会議は月に一回のペースで開催され、その議事録が数カ月後に発言者と地名などの固有名詞抜きで公開されるにとどまった。その内容は専門的で、一般の人にはどうにもなじみにくいものとなった。こうして八ッ場ダムを代表とする治水対策のあり方についての国民の関心は、急速に薄れていった。

その頃、世の関心は政治家とカネの問題、そして揺れる政局に集中していた。鳩山由紀夫総理大臣の「故人献金」疑惑と小沢一郎・民主党幹事長の不正献金疑惑で、検察VS民主党政権といった様相を呈していた。

このうち鳩山総理の政治献金問題は、鳩山家からの個人献金が多額であることを心配した秘書が、支援者の名義を使って献金を分散させた虚偽の収支報告書を作成したというものだった。勝手に名義を使われた支援者の中に既に亡くなっていた人もいたことから、「故人献金」などと揶揄された。また鳩山家からの献金の多くが母親からだったため、「子ども手当」と皮肉られた。こうした不正行為により鳩山総理の秘書が政治資金規正法違反で略式起訴されたものの、鳩山総理本人は二〇〇九年一二月二四日に嫌疑不十分で不起訴処分が決まり、一連の疑惑に終止符が打たれた。

しかし、小沢一郎・民主党幹事長の政治資金管理団体「陸山会」をめぐる政治献金疑惑の決着は容易につかず、検察の追及は年を越して二〇一〇年に及んだ。夏に予定されていた参議院選挙への影響は必至となった。地元群馬の八ッ場ダム推進派が政権交代直後から「自民党が勝てば、状況はひっくり返る」と、さかんに檄を飛ばしていた参議院選挙である。

政権を握った民主党はツートップの政治献金問題以上に、自らの政権運営の稚拙さによって大きなダメージに受けていた。新政権に寄せられた国民の熱い期待は急速に冷え、党の勢いはまるで急な坂道を転がり落ちる石のようだった。対する自民党はここぞとばかりに攻勢を強め、参議院選挙後の衆参ねじれ現象の再来が囁かれた。

そんな中、群馬では夏の参議院選が八ッ場ダムの是非を問う第二ラウンドと位置付けられた。建設中止とその阻止を掲げる民主党と自民党が、政権選択総選挙直後から早くも激しくぶつかっていた。といっても、全国有数の自民党王国である。失地回復を目指す自民党が圧倒的に優位に立ち、相変わらず内紛を続ける群馬の民主党は土俵際に押し込まれていた。さらに、この年の参議院選挙から群馬選挙区の定数が二から一に削減されることになっていた。六年前の選挙では自民と民主が議席を分け合っており、二〇一〇年の選挙では両党の現職が議席を取り合う形となる。自民党の現職は中曽根弘文氏で、民主党現職に勝ち目などまったくなかった。

民主党から出馬表明し、驚愕させた小寺前知事

「小寺さんとは毎日のように話をしていました。彼は知事をやめた後も群馬を良くしたいという情熱を持ち続けていました。地方から声をあげるというのが、彼の政治姿勢の基本となっていまして、参院選に出る、出ないで、相当、悩み考えていました。いえ、民主党の方から出てくれという要請はなかったです」

こう語るのは、前橋市の高木政夫市長（当時）。五期目を目指したものの自民党公認候補に敗れ、

二〇〇七年夏に群馬県知事の座から降りた小寺弘之氏の盟友である。小寺氏は群馬県秘書課長時代に八ッ場ダム予定地の地元対策に奔走し、知事になってからはダム事業の基本協定の締結に関わるなど、国策の八ッ場ダム建設に尽力した地元の政治家だった。そんな小寺氏が参議院選に民主党公認で出馬することを表明し、群馬は大騒ぎとなった。

小寺氏が出馬表明したのは、参院の群馬選挙区からではなく比例代表、それも民主党の公認候補である。八ッ場ダム中止を掲げて政権を奪取した民主党から、なぜ、立候補なのかといった疑問や不信の声が県内から巻きあがった。小寺前知事の真意をめぐり、様々な憶測が飛び交った。裏切り者と批判する人までいた。本音を率直に語らない官僚特有の慎重さや手堅さ、さらには出馬表明に至るまでの政治的な演出が、県民にうさん臭さを感じさせてしまった。民主党側から小寺氏に何度も出馬要請がなされ、その都度、それが地元紙の紙面を飾った。要請する側は民主党県連幹部から民主党本部の選挙対策委員長、さらには党本部の幹事長とステップアップしていった。党幹部はいずれも群馬まで足を運び、直接、本人と会談していた。三顧の礼を尽くして出馬を承諾してもらうという形をとっていた。自民党系の前知事で、しかも、八ッ場ダム推進の旗振り役も務めた地元の大物政治家への配慮であったのか。民主党による小寺氏擁立の真相はこうだった。

「小寺さんの意を受けた武村正義氏から二〇〇九年一〇月に依頼がありました。その後、本人や応援団長格の高木政夫前橋市長から〝民主党から出馬を要請した形にしてほしい〟と強く頼まれたので、民主党からお願いした形にしたわけです」

こう明かすのは、民主党群馬県連の中島政希会長代行（衆議院議員）。小寺前知事とは倉渕ダム事業の中止で気脈を通じた間柄だった。

小寺氏の申し出を受けた中島氏は、当初、かなり躊躇したという。しかし、最終的に「八ッ場ダム中止に協力すること」を条件に、民主党公認での出馬を承諾したという。また、小寺氏が「この約束は当選するまで二人だけの間の秘密にしておいてくれ」と言うので、それも了承したのだった。中島氏は、小寺氏が倉渕ダム中止運動の時も約束を守ったので、その言葉も信じることにしたと、当時を振り返った。

こうして二人の間に密約めいたものが成立した。もちろん、双方に政治的な打算が働かなかったはずはない。群馬県から民主党の参議院議員がいなくなるという危機感を募らせていた中島氏は、比例区での勝利でそれをカバーしたいと考えた。県会議員や県内市町村長の中にまだ前知事派は存在していたし、経済界にも小寺シンパは少なくなかった。知名度と実績を誇る小寺氏ならば、群馬県内だけで一〇万票くらいはとれるだろうと踏んだのである。

二〇一〇年一月一二日、小寺前知事は高崎市内のホテルで民主党の小沢一郎幹事長と会談した後、参院選比例代表に民主党公認候補として出馬することを正式に表明した。小沢幹事長とともに記者会見に臨んだ小寺氏は「日本の大きな政治の転換点にある。自分にできることがあるのか考え、地方の声を国政に反映することが一番だと決意した」と、出馬する理由を語った。隣に座った小沢幹事長は「県政を担当した豊富な知識、県民と直接意見を交わしてきた二つの要件を備えた方」と期待を示し、「（民主党に）現実の政治、行政を担った人が少ないのが偽らざる現状。政権に加わってもらうことは心強い。重要候補者としてできる限りの支援をしていく」と述べた（二〇一〇年一月一三日の『上毛新聞』より以下同）。

会見では記者から八ッ場ダムに関する質問が相次ぎ、小寺氏はこんな回答をした。

「国と地元の中間役、調整役として立ち会った。ダムを歓迎したわけではなく、水源県としての役割を果たさなければならなかった。あくまでも円滑な水行政推進のためだった」

「八ッ場のことが頭から離れたことは一時もない。地元と国の間に立って、問題の解決に労を惜しまないつもりだ。中止か、建設かはよく検証しないといけない。最初に（建設について）白か黒か言えばいいという問題ではない。納得してもらわなければならない。丁寧に進めないといけない」

「（住民と会う前に中止を表明した前原大臣のやり方について）乱暴だったのではないか。説明して納得がいく形でやる方がよかった。私なら違うやり方をしたと思う」

また、小寺氏は、これまで無党派を掲げていたのになぜ民主党から出馬するのかと問われ、「政党中心の選挙制度になっている。自分の政治感覚に一番近い党は民主党だ」と、言い切ったのである。小寺氏は民主党に入党して公認候補となり、民主党群馬県連も小寺氏を県連特別顧問として処遇した。

小寺氏は正式表明後、ホテル内に待機していた支持者らの前で出馬の決意表明を行った。会場に詰め掛けた支持者たちの中に意外な人物がいた。なんと八ッ場ダム水没関係五地区連合対策委員会の萩原昭朗委員長である。前年九月に初めて現地視察に訪れた前原大臣との話し合いを拒否し、痛烈な大臣批判のコメントを本人の前で読み上げたあの萩原氏だ。会場内でその姿を見かけた記者は皆、仰天し、彼の元へと駆け寄った。

記者から出席した理由を尋ねられた萩原委員長は「八ッ場ダムをよろしく精査してほしいと小沢幹事長に伝えるためだ」と答えた。そして、民主党公認で出馬する小寺氏を支援するかについては、言葉を濁した。じつは萩原昭朗氏は小寺氏と三〇年以上の付き合いがあり、有力な支持者の一人だった。この日も小寺氏の方から萩原氏に誘いの声がかかり、長野原町からわざわざ高崎までやってきたらしい。

前述したように小寺氏は八ッ場ダム建設の道筋をつけた地元の功労者であった。県秘書課長時代に当時の清水一郎知事の特命を受け、地元対策にあたった。現地に足繁く通った小寺氏はダム反対派住民と膝を交えて話し合い、条件付き賛成に転じるように粘り強く説得したのである。その時の顚末をダム反対期成同盟の幹部、高山要吉氏が自著（『閑雲庵雑記』社団法人関東建設弘済会、一九九六年）に詳述している。簡潔にいうと、小寺氏の人柄を信頼した高山氏が知事と地元との橋渡し役を引き受け、二人で条件付き賛成に運動の流れを変えさせたという。長野原町の高山欣也町長はその高山要吉氏の息子であった。

小寺氏が正式に出馬表明した二〇一〇年一月一二日の夜、長野原町で八ッ場ダム水没関係五地区連合対策委員会の会合が開かれた。会場となった川原湯温泉に地元の有力者が集まり、高崎から舞い戻った萩原委員長が小寺氏の出馬表明や小沢幹事長との面会について説明した。誰もが小寺氏の真意をつかみあぐねているようだった。

その夜の会合で、前原大臣との意見交換会に応じることが正式に決定された。出席する条件として国に示した、八ッ場ダム関連予算案が「満額回答」とされたからだ。意見交換会の開催は一月二四日。その場で前原大臣に直接、八ッ場ダムの早期完成を訴える方針が確認された。

ところで、小寺氏が決意表明した高崎市内での集まりには、JAや医師会など自民党を支持してきた団体の幹部も顔をそろえた。彼らの中には「比例は（民主党の）小寺さん、群馬選挙区は（自民党の）中曽根（弘文）さんを推すことになると思う」と、平然と語る人もいた。もともと小寺氏は中曽根系とみられており、福田系が圧倒的な力を持つ自民党県連に長年、白眼視されていた。落選した二〇〇七年の県知事選でも、相手陣営のトップは福田康夫氏だった。かつての上州名物、福中戦争の名残ともいえた。小寺さんの盟友、前橋市の高木政夫市長の話によると、小寺さんは民主党からの出馬を決断する前と後に、中曽根康弘氏の元を訪ねて報告をしたという。元総理にきちんと仁義を切ったというのである。

では、民主党公認で参院選への出馬を決めた小寺氏は、八ッ場ダム問題についてどのように考えていたのだろうか。盟友であった高木政夫氏は小寺氏の思いをこう推測した。

「小寺さんは五〇年間にわたって苦しんできた地元の思いを代弁したかったのではないか。本当のことを（国に）伝えたいと。でも彼の選択肢に建設中止はなかったと思う。（当選したら）中止や凍結ではないことを言ったと思う」

一方、部下として小寺さんの身近に長年いて、その後、群馬県議になった自治省ＯＢの後藤新氏は「小寺さんは（民主党政権が）八ッ場ダムを本当にやめるのであれば、そのための役割を果たせると思ったのではないか。いや、自分にしかそれはできないと考えたのではないか。小寺さんは表面的には建設推進だったが、根っこでは〝これでいいのか〟とずっと思っていたようですから」と、高木氏とはやや異なる見方をした。

民主党の群馬県連は参議院選挙の態勢づくりを急ぎ、一月一二日に比例区と選挙区の統一的な選挙対策本部を発足させた。その本部長に中島氏が就任した。その翌日のことだ。東京地検特捜部が民主党の小沢一郎幹事長の事務所などを一斉に家宅捜索した。特捜部は小沢氏の政治資金管理団体「陸山会」の土地購入問題で、ゼネコンからの違法な献金が原資とみて、強制捜査に乗り出したのだ。翌々日の一五日に小沢氏の元秘書、石川知裕衆議院議員が政治資金規正法違反（不記載）容疑で逮捕される事態となった。政治とカネの問題がまたぞろクローズアップされ、普天間問題の迷走もあって民主党政権は大きく軋み出した。

地元で痛いところを突かれる前原大臣

国政が混迷を深めるなかで、八ッ場ダムの地元住民と前原大臣による初の意見交換会が二〇一〇年一月二四日に開催された。長野原町の総合運動場内「若人の館」が会場となり、水没予定地の住民など約一四〇人が参加した。対する国側は前原大臣のほかに馬淵澄夫副大臣、三日月大造政務官らだった。初めての直接対話は二時間にわたって行われたが、「できるだけダムに頼らない治水」を主張する前原大臣と、「ダムを前提とした生活再建」を求める住民との溝は大きかった。意見交換会では住民から数多く質問が前原大臣にぶつけられたが、その中でいくつか着目すべき質疑応答を紹介したい（二〇一〇年一月二五日の『上毛新聞』より抜粋）。

まずひとつは、「八ッ場ダムは中止したほうが費用がかかるのに、なぜ、中止なのか」という事実誤認に基づく質問だ。これに対し、前原大臣は「今、日本には二八九〇を超えるダムがある。修復や浚渫《しゅんせつ》（ダムの底の土砂をさらう）、海岸の護岸工事も必要。日本の公共事業を大きく見直す意味で、そういった費用を見ながらトータルで河川にかかわるコスト削減を考えている」と、マクロの視点で回答した。

だが、まずは「中止した方がむしろ費用がかかる」という不確かな情報をきっぱり否定することが、先ではなかったか。

二つめは「県内選出の民主党国会議員と地元との意見があまりにも食い違っている」との指摘だ。おそらく八ッ場ダムに反対する中島政希氏や石関貴史氏、宮崎岳志氏などを指しているのであろう。これに対し前原大臣は「もし仮に地元の意見と乖離する動き方や主張をしているのならば、われわれが皆さんとの意見交換の中でどこに真実があるのかうかがい、しっかり判断していきたい」と答えた。では、その地元とは、そして、地元の意見とはいったい何なのか。特定地域の特定の人たちの意見のみが地元の意見とされていないだろうか。この日の意見懇談会でも各地区で事前に意見をとりまとめたといわれており、個人が自由に意見を述べたものとは言い難かった。

また、この質問にはある狙いが込められていたように考えられる。前原大臣に群馬の民主党議員らと距離をおくよう、釘をさす意図があったのではないだろうか。つまり、分断作戦である。

三つめが民主党の本質を問い質すような質問だ。「民主党は地元の意見をよく聞いてマニフェストに八ッ場ダム中止を明記したというが、その具体的な経緯は」と、痛いところを突いたのである。これに対する前原大臣の回答はじつに正直なものだった。「私自身は八ッ場ダムにうかがったことはなかった。正式に町や議会を通していないが、鳩山首相を含め、ほかの議員が地元で個別に話をうかがってきた。また治水や利水の動向、河川整備の状況などを多方面にわたって検証する中で、八ッ場ダムの中止を決めさせていただいた」と、率直に語った。マニフェストに八ッ場ダム中止を盛り込むことに力をいれた中島氏ら群馬県内の民主党国会議員らは、それまでに足繁く現地に通って地元住民との話し合いを重ねてきたというわけでもなかった。地元住民と腹を割った話はしていなかったし、それができる関係にもなかったのが実態だった。

参議院選が近づくにつれ、双方の動きは活発化した。参院比例区から民主党公認で出馬する小寺前知事も県内を精力的に回るようになった。民主党県連の選挙対策本部長になった中島氏によると、小寺氏は五月の連休中に一人で八ッ場ダム建設予定地を訪ね、地元の有力者と意見交換を重ねていた。そして、中島氏に「コチコチのダム推進派はいませんよ」と、その時の感触を語ったという。

その頃、鳩山内閣は普天間問題でさらに窮地に立たされていた。小沢幹事長の政治献金疑惑も深まる一方で、内閣支持率も民主党の支持率も急落していた。もともと寄せ集め集団であった民主党の内部対立が先鋭化し、鳩山降ろしが急速に広がった。参議院選挙を意識した表紙の張り替えを求める運動である。党のイメージを刷新してなんとか支持率を回復させねばと、改選を迎える参議院議員が躍起になった。とにもかくにも自分の議席を死守したいと必死なのである。

こうして二〇一〇年六月四日に鳩山内閣が倒れ、新たに民主党代表に選出された菅直人氏が総理大臣となった。同時に小沢幹事長も身を引かざるを得なくなり、枝野幸男氏が新しい幹事長に就任した。前原国交大臣は留任し、引き続き八ッ場ダム問題を担当することになった。失政とカネの問題で批判を浴びたツートップが辞任したことで、民主党内閣と党の支持率はいったん回復した。しかし、それは選挙の顔を替えたにすぎず、中身は従来とあまり変わらず、結局、すぐに馬脚が現れることになった。

菅内閣がスタートした直後の六月二〇日、中島氏は高崎市内で国政報告会を開いた。その来賓として留任した前原国交大臣を招き、民主党公認候補となった小寺氏との会談もセットした。その席で小寺氏は「当選の暁には自分が仲介役になって円滑な中止に向けて努力する」と明言したという。そうした発言を裏付けるような動きが現地でも起きていた。小寺氏の長年の支持者である萩原昭朗氏の言動である。「八ッ場ダム水没関係五地区連合対策委員会」の会合の場で、「ダムができなければ水没しなくなる場所をどう活用するか、そろそろ考えないと……」と語ったという。ダム建設の再開を待つだけでなく、ダム中止を前提とした生活再建案もつくろうと訴えたのである。しかし、周囲の目は「小寺さんの影響だろう」と、冷ややかだったという（朝日新聞群馬版より）。

小沢外しを断行した菅内閣は支持率の回復に成功し、民主党は参院選への勢いを取り戻したかに見えた。ところが、菅総理の唐突な発言が国民の怒りを呼び込むことになった。消費税の税率一〇％アップ発言である。マニフェストに掲げた行財政改革をやらずに、マニフェストに載せなかった増税をするというのは、おかしいと非難囂々《ごうごう》となった。主権者をバカにしたような発言により、菅内閣と民主党の支持率はあっという間に急落した。財務大臣を務めた菅氏がいつしか、財務官僚の手の平の上で踊る政治家に変質してしまったとみられ、国民の信頼を失った。民主党政権はすっかり「官主導」になってしまったとの嘆きの声が全国に広がり、猛烈な逆風となって民主党に襲い掛かった。

民主党の敗北と失意の病死

二〇一〇年七月一一日の参議院選挙にその結果が如実に表れた。民主党は獲得議席を一〇も減らす敗北を喫した。当選者は四四人にとどまり、非改選議員を合わせた議席総数は一〇六となった。一方、自民党の当選者は民主党を上回る五一人にのぼり、非改選組を合わせた新勢力は八四と、選挙前より一三も増やした。公明党やみんなの党などの野党系を合計すると参議院の過半数を超えることになり、衆参のねじれ現象が復活した。それも与野党の立場を入れ替えてのねじれである。

「たまたま近くを車で通ったので、小寺さんの選挙事務所に立ち寄ってみたら、部屋の中で小寺さんと大塚克巳さんのお二人が、茫然自失の状態でイスに座っていました。広い事務所は閑散としていて、お二人しかいませんでした」

こう振り返るのは、八ッ場ダムに反対する市民団体「八ッ場あしたの会」の渡辺洋子事務局長。前橋市に住む渡辺さんは、高崎市内にあった小寺前知事の選挙事務所で偶然、目撃したショッキングな光景が目に焼き付いているという。

民主党公認で比例代表に出馬した小寺前知事の得票数は六万八三四六票にとどまり、あえなく落選となった。民主党の比例区当選者は一六人で、このうち一〇人が労働組合系。小寺氏の得票数は民主党の中でも二一番目となり、当選には遠く及ばなかった。小寺さんと最後まで行動を共にした大塚克巳さんはこう振り返る。大塚さんは小寺さんの知事時代の側近で、その後、小寺さんの盟友、前橋市の高木政夫市長の元で副市長に抜擢されたが、市議会に再任を拒否されて一般市民となっていた。

「出馬は止めた方が良いのではと小寺さんにいったことがあります。党派に属さないといっていたのに、何でいまさら民主党から出るのかと。ですが、まさか落ちるとは思ってもいませんでした。県内だけで二〇万票はとれるだろうと踏んでいましたから……」

大塚克巳さんによると、小寺前知事の事務所が設置された高崎市内のビルに民主党群馬選挙区の立候補者の事務所も置かれたため、民主党県連の選挙対策本部長も小寺事務所に頻繁に出入りすることになり、政党色丸出しの嫌なムードになってしまったという。「口だけで力もない人が、偉そうにしていた。生意気で、私が一番嫌いなタイプの男だった」と、大塚さんは吐き捨てるように語った。八ッ場ダム中止に向けた態勢立て直しを考えた地元群馬の民主党は、その最大の頼みの綱を手にすることに失敗してしまった。小寺氏を応援した群馬県内のある首長は「群馬の民主党はバラバラで、ひとつの党ではなかった」と、当時を振り返るのだった。

まさかの大敗北に一番ショックを受けたのは、言うまでもなく、本人である。小寺さんは落選の八日後に倒れ、県内の病院に担ぎ込まれた。盟友の高木政夫さんによると、小寺さんは選挙中も体調が思わしくなく、選挙運動も休み休み、行っていたという。ストレスが要因となったのか、心臓病を患ってしまっていた。幸い、入院先でのカテーテルの手術が成功し、歩けるまで回復したという。小寺さんはリハビリに励み出し、高木さんに毎日のように電話をかけてきて、日々の状況を短時間ながら話していたという。高木さんは順調な回復ぶりにホッと一安心していたのだった。

ところが、その後、パタッと小寺さんからの電話が入らなくなってしまった。何かあったのかと不安を募らせる高木さんの元に、小寺さんの奥さんから電話が入った。急いで入院先の病院に駆けつけると、小寺さんはＩＣＵの中で意識のないまま横たわっていた。驚いた高木さんが事情を尋ねると、心臓病の治療は順調だったものの院内感染に見舞われてしまい、血管が脆くなる病にかかってしまったというのだった。そのため、都内の大学病院に転院し、そこで治療を行うことになったという。意識を失ったままベッドに横たわる盟友の姿を持て、高木さんは言葉を失ってしまった。小寺さんはその後、ヘリコプターで都内の病院に搬送された。

小寺さんは都内の病院で治療を受けたが、二〇一〇年一二月二一日に亡くなった。七〇歳だった。年の瀬の二六日に葬儀が執り行われ、武村正義氏が葬儀委員長を務め、高木政夫前橋市長が弔辞を読んだ。会場に小沢一郎氏も駆け付け、予定にはなかった弔辞を述べた。落選後、表舞台から姿を消した小寺氏は、八ッ場ダム事業への自らの思いや考えを明らかにしないままこの世を去ってしまった。

地に落ちた政治主導の金看板

民主党は二〇一〇年夏の参院選に敗北し、再び、内紛を激化させていった。財務官僚にうまく乗せられてのことだろうか、消費増税を唐突に口にした菅直人総理への批判が殺到し、退陣を求める声が鳴りやまなかった。わずか一年前の政権選択総選挙の公約を勝手に反故にし、党への国民の信頼を失墜させた責任は万死に値するというわけだ。九月一四日に実施された代表選は、菅VS小沢の党を二分する激しい戦いとなった（その後、現実に民主党は小沢グループが離脱した）。

結果は菅氏の辛勝に終わり、内閣改造と党役員の交代となった。新しい幹事長に岡田氏が就任し、その後任の外相に前原氏、前原氏が務めていた国交大臣の後任には副大臣だった馬淵澄夫氏が昇格した。しかし、民主党政権の弱体化はさらに進み、政権運営は「菅主導」ではなく、ますます「官主導」で進められるようになった。

民主党政権の基盤が大揺れとなっている状況下の九月二七日、一年ほど前に前原大臣によって設置された「今後の治水のあり方に関する有識者会議」が、全国のダム事業の検証の手順と基準を示した「中間とりまとめ」を発表した。実質的に取りまとめを作成したのは、はたして誰なのか。翌二八日に馬淵新大臣の名前で検証対象のダム事業主体に対してダム検証の実施の指示、要請が出された。国の直轄ダムについては国交省の地方整備局長、補助ダムについては都道府県知事に対し、それぞれ指示や要請がなされた。ダム事業を計画し、実施している当の事業主体（ダム推進派）に検証を委ねるものだった。さらに、有識者会議の中間とりまとめに沿った再評価実施要項細目なるものが、通知された。検証の手順とその基準を示したものだが、実質的に従来の「ダムありき」の元でのそれとそう違いはなかった。このため、治水行政の転換を訴える嶋津暉之氏は中間とりまとめの内容を精査したうえで、渡辺洋子さんとの共著（『八ッ場ダム　過去、現在、そして未来』岩波書店、二〇一一年一月刊）の中で次のような懸念を明らかにした。
「この再評価実施要項細目を見ると、この検証作業でダムがどこまで中止されるのか強い疑問を持たざるを得ない。最終の判断者は国交大臣であるが、実際に検証作業を行う主体はダム事業者であって、ダム事業者自らが検証を行うことになっている。さらに、『関係地方公共団体からなる検討の場』が設置され、その意見も踏まえて検証が行われることになっているが、これまでダム推進の立場できた関係地方公共団体は、『検討の場』でダム推進を強く求めることが予想される。一方、ダム事業に反対する市民はせいぜい公聴会、場合によってはパブリックコメントで意見を述べるだけである。このような検証では、結局は多くのダム事業に対して推進のお墨付きを与える可能性が高い」

その後の展開は、嶋津さんがこの時点で指摘した通りだった。嶋津さんはさらにこんな危惧の念も表明していた。

「ダムの検証は、委員を公募した第三者機関によって公開の場で市民参加のもとに客観的に行うことが、真のダム見直しを進めるための必須条件であるにもかかわらず、有識者会議がまとめた検証の手順ではそのことはまったく考慮されていない。形だけのアリバイ作りのためのダム検証になるのではないか、そのような危惧を強く抱かざるをえない」

こうして全国八五のダム事業が、事業主体自らの手によって検証されることになり、八ッ場ダムもその中のひとつに位置付けられた。二〇〇九年九月の前原大臣による八ッ場ダム中止表明で、ダムの本体工事はストップとなったものの、その他の工事は生活再建関連事業という名目でそのまま続行されていた。それらの工事の中には実際にダム建設が中止となった場合、不要となるものも少なくなかった。

翌年一〇月から八ッ場ダム建設を推進してきた国交省関東地方整備局による検証作業が開始された。有識者会議が示した手順通り、検討主体でかつ事業主体である国交省関東地方整備局と関係地方公共団体が意見交換する「関係地方公共団体からなる検討の場」が、早速、設けられた。この「検討の場」の参加メンバーは、八ッ場ダム事業の受益者として負担金を支出している一都五県の知事たちと国交省関東地方整備局長らである。

だが、実質的な審議は多忙なトップが集まる場ではなく、各都県の関係部長らが集まる「幹事会」で進められた。そこでは各都県の土木部長や企画部長らが一堂に会し、それぞれが地元の意見を国交省関東地方整備局の河川部長にぶつける形にはなっていた。しかし、実態はもはや茶番としか言いようがなかった。事業主体の意向に沿った話し合いにしかなりえない構造になっていたからだ。

日本社会は長らく、国（中央政府）が地方（地方自治体）を支配下に置く中央集権体制となっている。国は権限とカネ、施策、そしてヒトをツールに地方をコントロールしている。地方行政を意のままに動かしているのである。なかでも多額の予算を投じる大規模公共事業においては、国の意向は絶大だ。かりに地方のトップであっても、その意向に異を唱えることは不可能に近い。

「国策には抗えない」と、いろんな思いを胸に秘めながら八ッ場ダム事業の推進に協力した小寺氏のようなケースは、実のところそう珍しくない。

国の役人が地方自治体に幹部として出向し、地方行政を意のままに動かしているのが現実の姿だ。とりわけ公共事業部門は顕著である。

国交省の役人が都道府県の土木部長に着任するのが、もはや、当たり前。六都県の土木部長が集まった八ッ場ダムの「検討の場」では、そのうちの三人が国交省からの出向組だった。彼らからすると、相手の整備局長は本社の上司にあたる。つまり、大きな河川ムラの上司と部下の関係である。事業主体側が地方の意見を聞く体裁にはなっているが、実質的には自分の部下に意見をいわせているにすぎなかった。換言すれば、自分たちの意向を代弁させていたのである。まさに茶番そのものだ。

八ッ場ダム事業の検証が開始されたが、世の関心は八ッ場ダムから完全に離れてしまい、すっかり以前の状態に戻っていた。聞こえてくるのは、建設にともなう利益を享受する人たちと河川ムラの住人の声ばかりとなっていた。そんな形勢不利の状況を再度、変えようと、民主党内に八ッ場ダム建設に反対する議員グループが結成された。ダム中止を前提とした地元住民の生活再建策を考える「八ッ場ダム等の地元住民の生活再建を考える議員連盟」（以下・生活再建議連）である。生活再建議連の会長は川内博史衆議院議員で、幹事長に大河原雅子参議院議員がつき、初鹿明博衆議院議員が事務局長を務めた。

着々と進む建設続行への道

菅内閣はねじれ状態となった参議院で、野党側に激しく責め立てられるようになっていた。また、自ら相手方に攻撃材料を与えるような脇の甘さも目立った。参院選後に尖閣諸島で中国漁船を拿捕する事件が起きた。その対応をめぐって菅総理への批判が高まり、そこに尖閣諸島での衝突の際の映像が外部に流出する不祥事が加わった。二〇一一年一月に仙谷由人官房長官と馬淵国交大臣が、参議院での問責決議を受ける事態となった。二人とも大臣を辞職し、馬淵大臣の後任として大畠章宏氏が国交大臣に就任した。大畠氏は八ッ場ダムに強い関心と豊富な知識を持っていたという訳でもなく、国交省の役人にとって好都合な人選となった。

そして、二〇一一年三月一一日がやってきた。東日本大震災が勃発し、その直後、東京電力福島第一原子力発電所で未曾有の事故が発生した。日本は存亡の危機に直面する事態となった。ところが、菅内閣は原発事故への対応などでまたしても国民の怒りを買ってしまう。こうして民主党政権の評価は下がる一方となってしまった。全国で大混乱が続く四月に統一地方選が実施された。

「〝八ッ場ダム中止を主張する関口は、藤岡市民の水はいらないといっているようなものだ〟と、しきりに攻撃されてしまいました。地元の土建会社にもさまざまな圧力がかかっていると感じました」

こう語るのは、群馬県議会で説得力ある八ッ場ダム反対論を展開させた関口茂樹さんだ。「八ッ場ダムを考える一都五県議会議員の会」の代表も務める関口さんは、地元群馬の反対運動の中心人物のひとりだった。その関口さんが四月の群馬県議選でよもやの落選を喫した。定数二の藤岡市選挙区から再選を目指した関口さんは、他の二人の候補から挟み撃ちにあってしまい、次点で落選。八ッ場ダム絡みのネガティブアピールの影響をもろに受けてしまったのである。長年の支持者だった地元業者からも「関口さん、仕事がやりにくくて仕方ないので、なんとか頼みますよ」と、ダム反対の旗をたたむように暗に言われたという。目の上のタンコブとなっていたうるさい県議を追い落とそうと、推進側はなりふり構わず攻撃に出たのであろう。関口さんの落選により、高崎市選挙区から再選を果たした角倉邦良県議が「八ッ場ダムを考える一都五県議会議員の会」の会長となった。一方、前県議となった関口さんはその直後に心筋梗塞で倒れ、カテーテル手術を二度受けてどうにか体調を回復させた。

さて、政権運営能力の乏しさを露呈し続けていた菅総理は国民の支持を完全に失い、退陣を余儀なくされた。二〇一一年八月二九日に民主党の代表選がまたしても実施され、菅内閣で財務大臣を務めた野田佳彦氏が当選。民主党政権三人目の総理大臣に就任した。野田ドジョウ内閣が誕生し、四人目の国土交通大臣に前田武志氏が選ばれた。前田氏は旧建設省のキャリア官僚で、しかも河川局の出身だった。自民党や新生党、新進党などの政党を渡り歩き、奈良県知事選などでの落選を経たあと、民主党参議院議員となり、二〇一〇年の参議院選でも比例区から出馬し、当選を果たしていた。これまでの素人大臣とは明らかに異なる、いわばバリバリのダム推進派であった。民主党が総選挙で掲げた「コンクリートから人へ」という大方針とは、どう考えても相容れない従来型の政治家といえた。そんな前田氏を国土交通大臣に起用したことで、野田総理の八ッ場ダム事業への考え方がはっきり見て取れた。それは事務方の官房副長官の人選にも現れていた。直前まで国土交通省の事務次官だった竹歳誠氏が野田内閣の官房副長官に就任し、野田内閣の屋台骨を支えることになった。

八ッ場ダム建設に反対してきた民主党国会議員や市民グループは危機感を強め、野田内閣への働きかけを強めたが、冷たい対応しかかえってこなかったという。追い詰められていった彼らが頼みの綱としたのが、代表選で野田氏に敗れた前原氏だった。民主党は菅内閣の時に党の政務調査会を復活させており、新たに党代表となった野田氏は政務調査会の権限を強め、法案などへの事前審査権を付与させた。その政務調査会長に八ッ場ダム中止の考えを持ち続けていた前原氏が就任し、八ッ場ダム反対派は少しほっとしたという。彼らは政権交代直後の戦略なき中止表明で形勢逆転をまねいた当の人物に、巻き返しへの望みを託すしかなかったのである。

しかし、勝敗の行方は既に明らかだった。政権内に建設推進の流れが濁流のように広がり、破堤はもはや時間の問題となっていた。八ッ場ダムの建設を続行するための手続きが着々と進められていった。

野田政権発足直後の二〇一一年九月に国交省関東地方整備局の検証結果の素案が明らかになっ

た。それは予想通り、八ッ場ダム建設続行を「最適」とするものだった。これに対し、八ッ場ダムに反対する生活再建議連の議員らが猛反発し、政務調査会内の国土交通部門会議で建設反対を訴えた。そうした議論を経て、民主党政務調査会の部門会議の中に八ッ場ダム分科会が設置されることになった。なんと政権交代から二年が経過したこの段階で初めて、党内に八ッ場ダム問題のプロジェクトチームが誕生することになったのである。

この事実が当時の民主党の全てを物語っている。つまり、民主党は事前に八ッ場ダムを止めるための議論を徹底せず、止めるための戦略も方法論も持たないまま、「建設中止」を表明していたのである。準備不足というよりも、政権を奪取さえすれば、何とかなるという思い上がりか、ないしは、そもそもやる気がなかったかのいずれかではないか。もちろん、甘い見込みによる政策転換にともなう大混乱は、なにも八ッ場ダム問題だけではなかった。戦略なし、司令塔なし、足並み不ぞろいで走り出した民主党政権は、やることなすことが後手、後手となり、そのうえ、ちぐはぐだった。馬を上手に乗りこなすどころか、馬に引きずられたり、あらぬ方向に走り出す議員も大勢いたのである。

中止を中止して万歳三唱した国交大臣

民主党の国土交通部門会議や八ッ場ダム分科会などでの議論は、結局、反対派議員のガス抜きにしかならなかった。民主党内での議論を尻目に、国交省関東地方整備局は建設続行の検討案を本省に報告するなど、手続きを着々と進めた。民主党の一議員として議論に参加した中島政希衆議院議員はその著書（『崩壊マニフェスト　八ッ場ダムと民主党の凋落』）の中でこう記している（一八四頁）。

「この部門会議のあり方が、民主党政権の混迷に拍車をかけている。八ッ場ダム問題も中止を迫る党に対して、役所が抵抗するという構図なら意味は分かる。本来はそうだった。しかし、部門会議の中で党の意見が中和され、場合によっては役所の意見に引きずられ、いつの間にか、政府・部門会議役員の連合軍に対抗する一部の民主党議員、という構図にすり替わってしまうのだ。八ッ場ダムだけではない。ＴＰＰも消費税も、マニフェストを守ろうとする意見がいつの間にか傍論となり、役所の意見（すなわち政府・部門会議役員の意見）が主流となる現象が続いている。役人の巻き返しは凄まじいのだ」

日本社会の奥底にまで根付いている「官主導」の実態とはこういうものだ。ダム官僚でありながら、河川行政の転換を主張して河川ムラ（国交省河川局）からパージされた宮本博司さんが興味深い話をしてくれた。民主党政権下で政府の一員となったある議員からこんな体験談を聞かされたという。

「政府に入ったら役人から連日、いろんなレクチャーを受けるようになった。自分がまったく知らなかった話ばかりで、それらを入れ代わり立ち代わり聞かされているうちに、もうこれしかないと思い込んでしまって、（役所の方針に）コロッと乗ってしまうようになった。他の意見などはいらなくなってしまった。役から降りてみたら、自分が何であんな風に思い込んでしまったのか、不思議でならない。権力の中に入ると、人格が変わってしまう」

官主導で進められてきた政策を転換することの難儀さを自覚せず、力量も本気度も乏しい政治家を手なずけることなど、役人にとっては「赤子の手を捻るようなもの」なのだ。

一二月になり、国交省の有識者会議が「建設継続」の検証案を了承し、残るは国交大臣の判断のみとなった。民主党の前原政調会長は同月九日、八ッ場ダム本体工事の再開を党として容認しない旨などを藤村修官房長官に申し入れた。これが最後の抵抗となった。同月二一日に藤村官房長官と前田国交大臣、それに前原政調会長の三者会談が開かれた。その翌日に藤村長官が裁定案を提示し、双方がこれを受け入れた。その内容は以下の三点だった。

「利根川水系に関わる河川整備計画を策定し、洪水目標水流量を検証する」
「ダム検証によって建設中止の判断があったことを踏まえ、ダム建設予定だった地域に対する生活再建の法律を、次期通常国会への提出を目指す」
「八ッ場ダム本体工事については、（先の）二点を踏まえ、判断する」

この裁定を受け入れた前田国交大臣は、間髪を入れずに動いた。お役所仕事とは思えぬハイスピードで既成事実を積み上げていった。その日午後の政務三役会議で八ッ場ダム建設続行を決定し、本体工事費を来年度予算案に計上。それを閣議で報告し、さらに関係六都県にその旨を電話連絡した。こうした手続きを矢継ぎ早にこなしたうえで記者会見に臨み、八ッ場ダム建設継続を発表した。前田国交大臣はその直後に現地・長野原町へ向かい、群馬県の大沢知事や長野原町の高山町長らと万歳を三唱し、彼らとともに建設続行を祝った。大臣の電光石火の動きに反対派は手も足も出ず、建設中止の撤回が確定事項となっていった。

前田大臣が記者会見していた頃、民主党政調会の国土交通部門会議が開かれていた。集まった民主党議員に対し、奥田健国交副大臣が「建設継続」を発表し、「官房長官の示した二つの条件、河川整備計画の策定と生活再建の法整備は、本体工事と同時並行して進めるため、来年度予算計上にも本体工事継続にもなんら障害にはならない」と説明した。

こうした説明に建設に反対する議員らが納得するはずもなく、会議室に怒号が轟いた。だが、時すでに遅しであった。

翌二四日、中島政希衆議院議員が民主党に離党届を提出し、こんな所信を明らかにした。

「野田政権は最重要公約を自ら放棄し〝八ッ場ダム建設継続〟を決定した。これは、旧来の治水利水思想に立ち〝初めにダムありき〟の検証を進める河川官僚や、関連事業の進捗などを背景になしくずし的に建設を既成事実化しようという勢力の圧力に屈したものであり、政党政治の歴史に汚点を残す〝歴史的愚行〟と言わざるを得ない。（略）私は、長年にわたり、八ッ場ダム建設の不当性を訴え政治活動をしてきた者であり、先の総選挙でこれをマニフェストに掲げるについても、最も大きな責任を負っている。故に、歴史に対する自らの政治責任を明らかにしておかなければならないと思料する」

翌年二〇一二年一月下旬、八ッ場ダムに反対してきた「八ッ場あしたの会」や「八ッ場ダムを考える一都五県議会議員の会」などが、なし崩し的な本体工事の着工に反対する行動に出た。官房長官裁定で示された二点の取り組みの履行を求める署名を民主党国会議員から集めて回ったのである。

しかし、その結果は惨憺たるものだった。角倉邦良・群馬県議や嶋津さん、渡辺さんら一〇人ほどのメンバーが議員会館に集合し、手分けして全ての民主党国会議員の部屋を訪ねて歩いた。そして、議員一人ひとりに署名を依頼したが、応じてくれたのはわずか十数人にすぎなかった。ほとんどの議員が八ッ場ダムへの関心をなくしており、冷ややかな態度を示す議員さえいた。当時、参議院議員で生活再建議連の幹事長として活動した大河原雅子さんは、民主党議員の実像をこう語った。

「地元の要望を通そうと、半ば族議員化していました。政務調査会の部門会議はまるで補助金の取り合いのようになっていて、いろんな議員から（自分の）地元の事業について無駄だなんて言わないでくれと、よく文句を言われました。省庁、特に国交省は事業をつくる側、カネを出す側で、議員は事業を地元にとってくる側、カネを使う側でした。国交副大臣に〝事業をやるな、なんていってくる議員はあなたぐらいだ〟と言われたこともあります」

どの議員も公共事業の見直しという総論には賛意を示すが、個別の公共事業については口を閉ざしていたという。つまり、「コンクリートから人へ」を掲げ、公共事業のあり方を変えることを主張した民主党も、個々の議員は自民党の議員らとそうたいして変わらなかったのである。こうした地元への利益誘導欲求は小選挙区制によって、むしろ、強まるばかりであった。国会議員は党派を問わず、たったひとつのイスを争奪する選挙に勝ち抜くために、地元のあらゆる要望（要求）に良い顔をする傾向が強まっていた。彼らにとって、従来の利益配分型公共事業を見直すべしとの論は永田町界隈に限定した、いわば建前にすぎない。

こうして八ッ場ダムの建設中止は撤回され、民主党のマニフェストは絵空事で終わった。その顛末を間近で見続けていた元ダム官僚の宮本博司さんは、二〇一二年一月二七日の『京都新聞』に極めて意味深い論考を寄せていた。これほど八ッ場ダム騒動の本質を的確、かつ明快にまとめ上げたものはないのではないか。

「八ッ場は、国土交通省にとって、極めて強い思い入れのあるダムである。高度経済成長期が終わり、水需要が減少してきて首都圏の水がめとしての緊急性は薄れた。利根川の洪水対策効果に比べて、温泉町の移転、国道やJR線の架け替え等に要するコストがあまりに大きい八ッ場は、私が在任していた昭和六〇年頃の国土交通省内では、〝今の時点で、これから新たに八ッ場を造るかと言ったら、絶対造らない〟というのが大方の共通した認識であった。同時に、昭和二七年から継続してきた事業は、何年かかろうが、どんなことをしてでも継続しなければならないということであった。そんな八ッ場の中止を民主党がマニフェストに掲げようが、国土交通大臣が中止宣言しようが、官僚が〝はい、そうですか〟と従うわけがない。大臣の中止宣言はとりあえず神棚に上げておいて、粛々と準備工事を進め、着々と本体工事へ向けての外堀内堀を埋めていくのが優秀な官僚たちのやり方である」

河川ムラの住人だった宮本さんは古巣のことを知り尽くしていた。ダムを計画通りに造りたい人たちが、彼の有識者会議入りを拒んだのもあたりまえだ。

逆に言えば、河川行政の転換を本当に実現させるには、宮本さんのような人の力が必須となる。宮本さんは『京都新聞』に寄稿した論考の中で、「本体工事へ向けての優秀な官僚たちのやり方」を冷静にこう解説した。

「まず、極めて酷いやり方ではあるが、長年苦しみ苦渋の決断をしてきた水没住民に対して、ダム建設が中止になれば生活再建ができなくなると発信する。〝今更、何だ〟という悲痛な声が当然巻き起こる。自治体の首長に、中止反対の筵旗《むしろばた》を揚げさせることは、お手の物である。そして、大臣の中止宣言を神棚から下ろす仕掛けを構築する。その仕掛けこそが、二〇〇九年一二月に国土交通省が発足させた〝今後の治水対策のあり方に関する有識者会議〟であった。

大半を御用学者で固めた有識者会議は頑なに公開を拒否した上で、住民の命を守るためにダムは優先的に建設されるべきかという根幹的な議論をしないまま、二〇一〇年九月に従前のダム計画を再度確認するだけのことになる検証手順を示した。この時点で、八ッ場の中止宣言を神棚に上げる仕掛けができあがったのである」

まさにこの通りに進んでいった。民主党の大臣は、河川官僚の手の平の上で踊っていただけであった。それが、彼らが総選挙で掲げた「政治主導」の実相であった。宮本さんは「ダムに批判的だった民主党の政権時代に作られた有識者会議が、ダム建設にお墨付きを与えることになった。それも最も強力なお墨付きだ。日本の治水史上、最大の汚点になった」と、険しい表情で語った。

民主党政権の失敗から学ぶべきもの

自民党政治の亜流のようになった野田民主党は、消費増税を掲げて二〇一二年一二月に総選挙に打って出たが、歴史的な大敗を喫し、政権の座から転がり落ちた。自公連立による第二次安倍晋三内閣の誕生である。国民の期待を大きく裏切った民主党はその後、党名や表紙の顔を替え、そして離合集散した。二〇二〇年九月に再合併をはたしたが、国民の支持は広がっていない。

二〇一四年一月、国土交通省関東地方整備局は八ッ場ダム本体工事の入札手続きを再開した。政権交代時に予定していた入札を直前になってストップさせてから、約四年半が経過していた。建設推進派の結束と粘り、そして、戦略の賜物だった。かくたる戦略も司令塔も汗をかく実働部隊もない、徒手空拳の状態で戦場に赴いた建設中止派と違い、建設推進派は狡知な戦略と強い意志を持った司令塔、そして懸命に戦う実働部隊を擁していた。だが、両派の共通点が一つだけあった。それは特定個人が司令塔を務めたのではないことだった。前者は司令塔そのものの不在、後者は「河川ムラ」という官・学・産の連合組織体が司令塔であった。

二〇一五年一月に八ッ場ダムの本体工事が開始された、同年九月に一連の住民訴訟が結着した。最高裁判所は六都県の住民の訴えを全て退け、原告敗訴が確定した。翌一六年一二月に五回目の計画変更がなされ、八ッ場ダム事業の総事業費は四六〇〇億円からさらに七二〇億円増額され、五三二〇億円となった。民主党の前原氏が八ッ場ダム中止を表明した直後、「建設続行よりも中止する方が高くつく」という説がまことしやかに流布された。事実に反する典型的なフェイクニュースであったが、数値を示されたことで信じ込んでしまった人も多かった。

繰り返しになるが、当時は予算執行率が七割（残金一三二〇億円）で、工事が七割まで進捗しているわけではない。そもそも本体工事は未着手で、執行率〇％である。それでも中止した場合、残りの生活再建事業費七七〇億円のほか、関係都県の利水負担金約一四六〇億円を返還しなければならず、合計で二二三〇億円かかると言われた。しかし、関係都県の利水負担金の中には国庫補助金が含まれているため、それらを除いた返還金は八九〇億円となる。また、当初のダムの完成予定は二〇〇〇年度だったが、それが二〇一〇年度、二〇一五年度、そして、二〇一九年度と三度にわたって延長されてきた。

予定が変わったものがもうひとつある。ダムの目的である。当初の治水と利水目的に、吾妻川の流量維持が加わり、さらに群馬県営の水力発電が添付された。さらに近年になってダム湖の観光利用というのがしきりに喧伝されるようになった。まったくもって奇妙な話ではないか。というのも、八ッ場ダムの水没予定地はもともと国の名勝、吾妻渓谷や川原湯温泉などの観光地である。そんな風光明媚な観光地に五三五〇億円もの巨額の税金を投じてダムを造り、そのダム湖を観光資源としても活用し、地域活性化を図ろうという構想だという。必要性の乏しいダムを強引につくるよりも、豊かな自然を残し、それらを活用する策をとった方がよっぽど合理的で、地域の未来を切り開くことにつながったのではないか。

一九五二年に計画された八ッ場ダムは二〇一九年秋にやっと竣工した。事業費は五三二〇億円にのぼった。一〇月から試験湛水が開始され、その直後に関東地方を襲った台風一九号により一気に満水になったことから、「八ッ場ダムが首都圏の洪水を防いだ」といったフェイクニュースが拡散された（「おわりに」で詳述）。そして、二〇二〇年四月から八ッ場ダムの正式運用が開始された。こうして半世紀以上も繰り返された対立と混乱、紛糾と迷走、悲劇にピリオドが打たれることになった。八ッ場ダムは繰り広げられた地域の苦闘の歴史を飲み込む巨大な構造物として屹立している。

しかし、過去の諸々を水に流してしまうわけにはいかない。ベールで覆い隠してはならない。とりわけ、なぜ、民主党は八ッ場ダム建設中止に失敗したのか、そして、どう対処すべきだったかをしっかり総括し、検証する必要がある。いや、同じような失敗を繰り返さぬために必要不可欠だ。八ッ場ダムの結末についてどう捉えているか、三人に尋ねてみた。

民主党のマニフェストに八ッ場ダム建設中止を盛り込むことに力を入れた中島政希さんは、民主党政権の建設続行の決定に承服できず、離党し、二〇一二年一二月の総選挙に出馬せず政界を引退した。そんな中島政希さんは「民主党は官治政治を変えるといいながら、その突破口を自ら塞いでしまった。一気呵成に進めるべき肝心な時に官僚任せにしてしまった。官僚機構と戦わず、官僚支配と融合し、次第に擦り寄り、従属していった。もっと戦略的な組閣をしなければいけなかったし、マニフェストも詳細すぎて、戦略的ではなかった」と、指摘した。

同様の指摘をしたのが、国交省に勤務した元ダム官僚、宮本博司さんだ。「政権を取ったらこうするという戦略、ビジョンがないとだめだ。一気呵成にやらないと。（治水行政の転換は）統治機構を変えるようなことなので、命を懸けてやらないとできない。自分たちの全てをかけてやらないとだめだが、民主党の人たちは甘かった」

最後の一人は、地元群馬の民主党（当時）県議として八ッ場ダムに反対し、「八ッ場ダムを考える一都五県議会議員の会」の会長を務めた角倉邦良県議だ。彼は「止めるための政治的プロセスや方法論について議論がなく、政権を取れば何とかなるという捉え方だった。準備不足で、とめるための戦略や役所を押さえる戦略がなかった」と、率直に語った。そのうえで「同じ轍を踏んでしまってはならないので、党としてきちんと総括すべきだと考えています」と語った。

角倉県議はこの言葉通り、八ッ場ダムが止められなかった原因などを検証する集まりを企画し、開催に向けて動いていた。二〇一七年四月以降のことで、民主党はすでに党名を民進党に変えていた。企画書を作成し、民主党政権時の国交大臣経験者などの事務所を訪ねて集会への参加を要望した。しかし、本人に会う事もままならず、回答はいずれも「ノー」だった。そうこうしているうちに小池百合子都知事による新党騒動が勃発し、民進党は空中分解。解散総選挙となり、安倍一強時代が確立した。こうした政治の激流に八ッ場ダム検証は飲み込まれ、どこかへ消えていってしまったのである。

国策として推進されてきた八ッ場ダム事業の見直しは、たんに一つのダム事業の見直しにとどまらず、日本の公共事業のあり方を大きく転換させる象徴的な取り組みといえた。当時の民主党の政権選択総選挙での位置づけもそうであったはずだ。つまり、国（中央省庁）主導で実施され、地域に予算（事業費）を配分することを主目的とした従来型の公共事業を、地域主導による地域課題解決のための真の公共事業に転換させることを狙ったものだ。つまり、中央集権型公共事業を地域主権型公共事業に大転換させる取り組みで、地方に財源と権限を移す地域主権の確立と一体になっているものだ。

ではなぜ、公共事業のあり方を変えねばならないのか。

その答えは明白だ。地域が抱える社会的な課題の解決をより効果的、より効率的に図るためである。税金を無駄なく、地域住民のニーズにそって活用するためといってもよい。

中央集権型公共事業は「地域から離れていて、住民の痛みからも離れている人たち（中央官庁の役人）が、事業を計画し、その決定権を握っている。ここを変えない限り、世の中はよくならない」（宮本さんの話）からだ。コロナ禍に苦しむ国民に布マスク二枚を配布したり、旅行代金などを税金で補助する「ＧｏＴｏキャンペーン」事業を大々的に打ち出した政府の姿を直視すれば、宮本さんの指摘通りだと実感できるのではないだろうか。

おわりに

二〇一九年一〇月一二日に台風一九号が関東地方を直撃し、各地に大雨を降らせた。完成直前の試験湛水中で空状態だった八ッ場ダムにも上流から大量の水が流れ込み、一夜にして巨大なダム湖が出現した。その姿をテレビ番組がしきりに放映し、いつしか「八ッ場ダムが利根川の堤防の決壊を防いだ」といった説が広がった。そして同時に、八ッ場ダム建設を中断させた旧民主党政権への批難やダム反対派を攻撃する声も高まった。だが、はたして「八ッ場ダムが首都圏を救った」というのは、本当なのか。

本論に入る前にダムの効用と限界について指摘しておきたい。河川の流れを遮断して水をためるのが、ダムだ。下流の水位を抑えて洪水を防ぐ治水ダムと生活水や農業用水、工業用水、発電などに利用するための利水ダム、そして、八ッ場ダムのような両方の機能をもつ多目的ダムの三種類ある。ためられる水量はダムの大きさと上流域の面積（集水域）や降雨量、そして地質などにより異なる。また、それぞれのダムには貯水できる限界量というものがある。限界量を越えるとダムが決壊しかねないので、緊急放流される。ダムは当然のことながら下流域に降る雨をためることはできない。さらに、利水ダムはもちろん、多目的ダムの場合でも目的ごとの水の容量が決まっており、大雨が予測されるからといって利水用の水を事前に下流に流してダムの空の容量を増やしておくことはしていない。治水は国土交通省、生活用水は厚生労働省、工業用水と発電は経済産業省、農業用水は農水省と、利水の内容ごとに所管（管理者）が違うからだ。こうした縦割り行政を問題視した菅官房長官（当時）がダム運用の見直しを主導し、利水用の水も事前放流しやすくしたが、最近頻発する短時間で大雨が降るゲリラ豪雨には事前放流での対応はしにくい。さらにもう一点、ダムは水だけでなく砂もためこむので、堆砂による機能低下が避けられない。治水目的のダムは下流の水位を抑える機能をもつが、その効用の大きさは一様ではなく、限界がある。

さて、話を八ッ場ダムと台風一九号に戻そう。利根川の治水状況を見る上で重要な地点が群馬県伊勢崎市の八斗島である。このあたりから利根川は平野部に入り、上流から中流に変わる。その八斗島地点での八ッ場ダムの洪水低減効果について、河川工学の第一人者である新潟大学の大熊孝名誉教授が『現代農業』（二〇二〇年九月号）に寄稿している。国土交通省が公表したデータを基に分析、検証、考察したものだ。こんな内容である。

八斗島地点から上流の流域面積は約五一五〇㎢あり、そのうち八ッ場ダム上流の面積（集水域）は約七一一㎢なので流域全体の約一四%になる。台風一九号による降雨量は、奥利根流域が約二〇〇㎜、八ッ場ダム上流域で約三四〇㎜、八ッ場ダム下流の吾妻川流域で約二八〇㎜、烏・鏑川流域で約四一〇㎜、神流川流域で約五〇〇㎜などだった。八ッ場ダムは上流から流れてきた水を全てため込んだことから、その貯留量七五〇〇万㎥を基に雨量換算すると、約一〇五㎜となる。

実際には八ッ場ダム上流域では三四〇㎜降っているので、その差の二三五㎜分の雨水が地面に浸透したことになる。八ッ場ダム上流域の地質が保水力に富んでいるからだ。国土交通省の解析によると、八斗島地点でのピーク時の流量は約一万二八〇〇㎥（一秒あたり）で、上流にある七つのダムによって三七〇〇㎥（一秒あたり）低減できたという。これを水位に換算すると九五㎝で、七つのダムがなかったら、水位は約五mになるという。堤防の高さは余裕高の二mを加えて七・二八mあるので、八ッ場ダムがなかったとしてもまだ余裕があったという計算になる。七つのダムによる九五㎝の水位低減のうち八ッ場ダムによるものを計算すると、三六㎝から四四㎝ということになる。こうしたことから、大熊名誉教授は寄稿のなかで「八ッ場ダムの（八斗島地点での）水位低減効果は四〇㎝程度であり、首都圏を氾濫から救ったというのは少し大げさすぎるように思う」と結論付けたのだった。

では、利根川の中流部はどうだったのか。当時、利根川中流部の埼玉県加須市で住民に避難勧告が出された。治水問題に精通する「水源開発問題全国連絡会」の嶋津暉之さんは「利根川中流部の水位は確かにかなり上昇しましたが、決壊寸前という危機的な状況ではありませんでした」と、指摘する。嶋津さんによると、加須市に近い久喜市の栗橋地点の水位は二〇・七四mまで上昇し、計画高水位（限界水位）二〇・九七mに近づいたが、堤防の余裕高がさらに二mあったのでまだ十分な余裕があったという。上流部に造られたダムの洪水調節効果は、下流に行けば行くほど減衰していくものだ。国交省の計算によると、八ッ場ダムの最大流量削減率は五〇年から一〇〇年に一回の洪水規模では利根川中流で三％程度となっており、二〇一九年一〇月の台風一九号の時の洪水水位低下効果は嶋津さんの計算では一七㎝程度になるという。つまり、八ッ場ダムがなくて利根川の水位が上がったとしても、中流部が氾濫する危機的状況にはなっていなかったという。

それでは利根川の氾濫を免れることができた主な要因は何か。嶋津さんに問いかけると、二点あげていた。利根川は首都圏を流れる河川なので、堤防の整備がそれなりに進められてきており、河道整備も行われていること。そして、中流域にある広大な渡良瀬遊水地と下流域にある三つの洪水調整池の存在だ。合計の洪水調節容量は二億七八〇〇万㎥にものぼり、利根川上流七ダムの合計一億三一八四万㎥（このうち八ッ場ダムは六五〇〇万㎥）の二倍以上だ。そのうえ、四つの遊水地などは中流域にあるので利根川の水位の低下に直接寄与するなど、洪水調節効果も大きい。

では、雨の降り方が激変した今、早急にとるべき治水策とはどのようなものがあるのだろうか。嶋津さんは四つのポイントを挙げた。治水対策としてそれほど有効ではなく、時として緊急放流によってかえって水害を甚大化させる危険性もあるダム事業に多額の河川予算が注ぎ込まれ、その分、河道整備が後回しにされてきた。その流れを変え、予算をまず河道改修に振り向けるべきだという。二つ目は、越流しても決壊しにくい堤防をつくる耐越水堤防工法の全面的な導入だ。安価で確実な技術が確立されているのにもかかわらず、全面的な導入がなぜか進んでいないという。三つめが、日常的な河川管理の強化である。メンテナンスの怠りにより、河床が上がっている河川が少なくなく、土砂やヘドロの除去にもっと力を入れるべきとのことだ。そして、四つ目が氾濫の危険性の高い地域での土地利用の規制などだ。島津さんは、滋賀県が二〇一四年三月に制定した「流域治水の推進に関する条例」を模範とすべきだと、指摘した。

ところで、国交省の社会資本整備審議会河川分科会の小委員会は二〇二〇年七月九日、今後の水害対策についての答申を大臣に提出した。答申は、気候変動により災害の甚大化や頻発化が考えられることを踏まえ、治水計画の見直しを進めるべきだとした。そのうえで、流域のあらゆる関係者が協働して行う治水対策、「流域治水」への転換を提言した。集水域と河川区域だけでなく、氾濫域も含めて一つの流域として捉え、地域の特性に応じた対策を多角的・総合的に進めることを促したのである。具体的には田んぼやため池の利用や遊水地の整備活用、河床掘削や水路幅を拡大する引堤《ひきてい》、リスクの低い地域への住宅の誘導、移転促進などである。ダムや堤防といったハード面で水害を抑え込もうという従来の河川・治水行政を転換させる動きが始まったといえるが、はたして、今後どのように具体化されていくのだろうか。

国交省がこれまで進めてきた河川行政・治水行政に根本的な欠陥があると訴え続けてきた嶋津さんは「流域治水に転換しなければならないことはその通りなのですが、その具体化は容易なことではありません。流域治水とお題目を言うだけだったら、現状とさほど変わりません」と、注文をつけた。また、国交省の元キャリア官僚の宮本博司さんも「近年の豪雨災害を受けてダムを含めた従来の治水対策を根本的に転換しなければならないとの動きがようやく出始めました。しかし、この転換を成就するためには、これまでの中央集権・縦割り行政的な考え方自体を根本的に変えてしまうという覚悟が必要です。八ッ場ダムの二の舞にならなければいいのですが……」と、語るのだった。

八ッ場ダムは完成したが、八ッ場ダム事業に内在していた日本社会の根本的な諸問題はいまだに解決していない。その一方で、地球温暖化により記録的な大雨が多発し、全国各地で災害による犠牲者が相次いでいる。これまでの河川・治水対策を見直して「流域治水」に転換することが急務と考えるが、ポイントを三つ指摘したい。一つは、主体は何かである。国（国土交通省）でも都道府県の河川課でも当該市町村の担当部署でもなく、流域住民である。さまざまな流域住民が話し合って多角的総合的な治水策を練り上げ、決定すべきだ。行政はそのために必要な情報・知見を流域住民に提供する責務があり、予め結論を用意するものではない。二つ目は、「流域治水」を進めるうえで問われるものである。流域住民が利害（リスク）の不一致を乗り越えて合意形成する地域の力、つまり「自治力」そのものだ。三つめは、「流域治水」を実現させるには縦割り行政の打破にとどまらず、地域に財源と権限を委譲する地域主権への取り組みも不可欠という点だ。

住民の尊い生命とくらし、財産、それに地域の貴重な自然などがこれまで以上に守られるように、従来の河川・治水行政から「流域治水」への転換がなされることを願い、そのためのほんの一助にでもなればと思って筆をとった。

二〇二〇年九月　相川俊英

[著者略歴]

相川俊英（あいかわ　としひで）

1956年群馬県生まれ。早稲田大学法学部卒。1980年に文化放送に入社。放送記者として活動し、1992年にフリージャーナリストとなる。1997年から「週刊ダイヤモンド」の委嘱記者となり、1999年からテレビ朝日・朝日放送系の報道番組「サンデープロジェクト」の番組ブレーンも兼務。地方自治体関連の企画・取材・レポートを担当、60本の特集制作に関わる。2014年から地方自治ジャーナリストとして主に活字媒体を舞台に活動し、現在に至る。

主な著書として、『東京外国人アパート物語』（1992年、新宿書房）、『コメ業界は闇の中』（1994年、ダイヤモンド社）、『がんばれ！ニッポン最底企業』（1995年、ダイヤモンド社）、『ボケボケパラダイス』（1996年、筒井書房）、『密入国ブローカー　悪党人生』（1997年、草思社）、『長野オリンピック騒動記』（1998年、草思社）、『神戸都市経営の崩壊』共著（2001年、ダイヤモンド社）、『トンデモ地方議員の問題』（2014年、ディスカヴァー携書）、『反骨の市町村　国に頼るからバカを見る』（2015年、講談社）、『奇跡の村　地方は人で再生する』（2015年、集英社新書）、『地方議会を再生する』（2017年、集英社新書）、『清流に殉じた漁協組合長』（2018年、コモンズ）、『住民と共につくる自治のかたち』（2019年、第一法規）など。

八《や》ッ《ん》場《ば》ダムと倉淵《くらぶち》ダム

2020年10月30日　初版第1刷発行　　　定価1800円＋税

著　者　相川俊英 ©
発行者　高須次郎
発行所　緑風出版
〒113-0033　東京都文京区本郷2-17-5　ツイン壱岐坂
［電話］03-3812-9420　［FAX］03-3812-7262［郵便振替］00100-9-30776
［E-mail］info@ryokufu.com［URL］http://www.ryokufu.com/
装　幀　斎藤あかね
制　作　R 企 画　　　印　刷　中央精版印刷・巣鴨美術印刷
製　本　中央精版印刷　　　用　紙　中央精版印刷　　　E1200

ISBN978-4-8461-2019-1　C0036

◎緑風出版の本

■全国どの書店でもご購入いただけます。
■店頭にない場合は、なるべく書店を通じてご注文ください。
■表示価格には消費税が加算されます。

虚構に基づくダム建設
北海道のダムを検証する
北海道自然保護協会編
四六判上製
三二八頁
2500円
北海道でも、むだなダム建設が強行され、豊かな自然が破壊されている。サンルダム、平取ダム、当別ダムはその典型である。ダム建設への懐疑的な世論の中で建設が泊まらない原因を明らかにし、川を取り戻す方法を提言。

よみがえれ！　清流球磨川
川辺川ダム・荒瀬ダムと漁民の闘い
三室勇・熊本一規他著
四六判並製
二三二頁
2100円
日本一の清流とよばれ、鮎漁で知られる川辺川。そこに巨大な多目的ダム計画が持ち上がった。本書は、共同漁業権を武器に計画を中止に追い込み、荒瀬ダムを撤去に追い込んだ漁民の闘いの記録。今後のダム行政を揺るがす内容。

なぜダムはいらないのか
藤原　信著
四六版上製
二七二頁
2300円
次つぎと建設されるダム……。だが建設のための建設、土建業者のための建設といったダムがあまりに多い。本書は脱ダム宣言をした田中康夫長野県知事に請われ、住民の立場からダム政策を批判してきた研究者による、渾身の労作。

脱ダムから緑の国へ
藤田　恵著
四六判並製
二二〇頁
1600円
ゆずの里として知られる徳島県の人口一八〇〇人の小さな山村、木頭村。国のダム計画に反対し、「ダムで栄えた村はない」、「ダムに頼らない村づくり」を掲げて、村ぐるみで遂に中止に追い込んだ前・木頭村長の奮闘記。